陈泉心理学考研系列

心理学考研教材通
知识全解读

心理测量学

主编 陈泉 许冰

北京邮电大学出版社
www.buptpress.com

图书在版编目（CIP）数据

心理测量学 / 陈泉，许冰主编． -- 北京：北京邮电大学出版社，2025.7
（心理学考研教材通——知识全解读 ；7）
ISBN 978-7-5635-6977-9

Ⅰ．①心… Ⅱ．①陈… ②许… Ⅲ．①心理测量学 Ⅳ．① B841.7

中国国家版本馆 CIP 数据核字 (2023) 第 143831 号

| 策划编辑：彭怀洲 | 责任编辑：刘春棠 | 责任校对：张会良 | 封面设计：海图博雅 |

出版发行：北京邮电大学出版社
社　　址：北京市海淀区西土城路 10 号
邮政编码：100876
发 行 部：电话：010-62282185　传真：010-62283578
E-mail：publish@bupt.edu.cn
经　　销：各地新华书店
印　　刷：保定市中画美凯印刷有限公司
开　　本：889mm×1 194mm　1/16
印　　张：68.25
字　　数：1895 千字
版　　次：2025 年 7 月第 1 版
印　　次：2025 年 7 月第 1 次印刷

ISBN 978-7-5635-6977-9　　　　　　　　　　　　　　定价：228.00 元（共 7 册）

·如有印装质量问题，请与北京邮电大学出版社发行部联系·

学科介绍

心理测量学是通过科学、客观、标准的测量手段对人的特定素质进行测量和分析的学科；心理测量在心理科学、教育科学的基础研究和应用研究之间起着一种中介桥梁作用。一方面，它是开展心理学和教育学基础研究的方法论课程；另一方面，它是心理学和教育学应用研究和解决现实问题的工具性课程。

科目框架

心理测量学科目的主体内容如图1所示，首先介绍了心理测量的基础知识和学科发展历史；然后介绍了相关理论，包括经典测量理论和现代测量理论；接着介绍了心理测验的编制、实施和项目分析；还介绍了两种常用的测验——常模参照测验和标准参照测验的相关知识；最后介绍了常用的心理测验，包括常用智力测验和常用人格测验等。

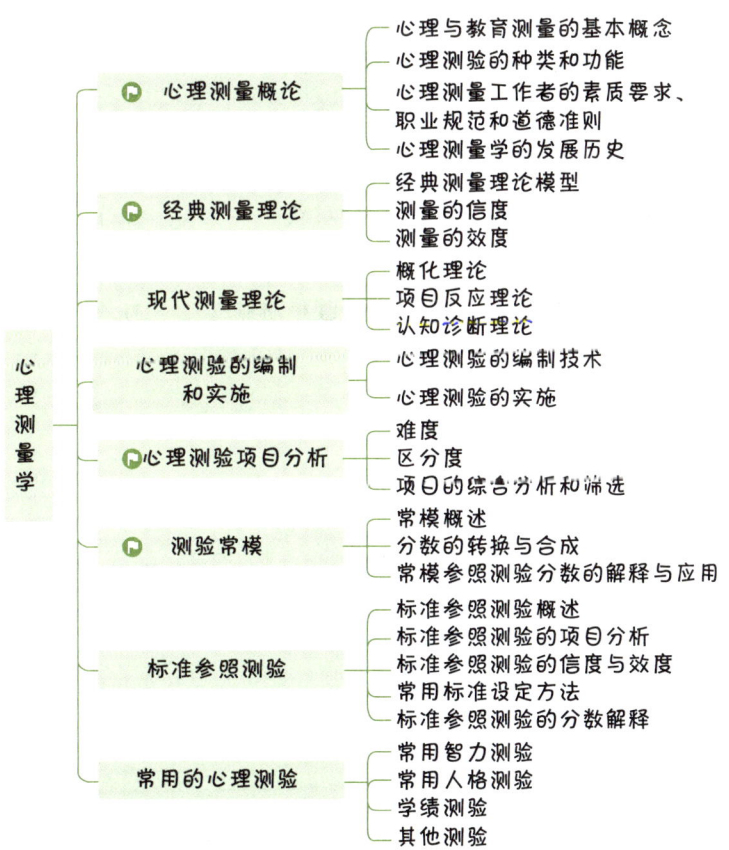

图1 心理测量学科目框架（旗帜标注处为重点内容）

考查目标

1. 正确理解心理测量的基本概念，掌握心理测量的基本方法。
2. 掌握各种测量理论和各种测量指标的计算方法；能够正确使用各种测验，并对其结果进行解释。

考查特点

从不同院校的真题特点来看，心理测量考查的题型可分为以下五种：单项选择题、多项选择题、名词解释、简答题、论述题。

（一）单项选择题

考察要点：基本概念（定义、区分）、理论观点（代表人物、内容）、常用的心理测验等。

例题：

1. 下列有关真分数理论的表述中，正确的是（　　）。

A. 真分数和观察分数的相关为1

B. 真分数和误差分数的相关为0

C. 真分数的期望值等于观察分数

D. 平行测验观察的分数相等

2. 下列测验中，可用于测试场依存性、场独立性的测验是（　　）。

A. 镶嵌图形测验　　　　　B. 情境压力测验

C. 逆境对话测验　　　　　D. 句子完成测验

（二）多项选择题

考察要点：分类、影响因素、方法、常见的心理测验等。

例题：

1. 心理测量误差的来源有（　　）。

A. 测量目的　　　B. 测量工具　　　C. 测量对象　　　D. 施测过程

2. 使用心理投射技术的测验有（　　）。

A. 房树人测验　　B. 主题统觉测验　　C. 词语联想测验　　D. 句子完成任务

（三）名词解释

考查要点：重要概念、理论等。

例题：

1. 效标关联效度

2. 标准参照测验

3. 真分数理论

（四）简答题或论述题

考查要点：重要的理论观点、影响因素、方法等。

例题：

1. 简述测验原始分数转化为标准分数的方法。

2. 简述提高测量信度的方法。

3. 论述心理测量中误差的来源。

4. 试述经典测验理论的基本思想和假设。

（一）把握重点，针对性复习

测量的重点部分为经典测量理论，尤其是理论模型、信效度及项目分析，把这些内容掌握了，基本可以拿到测量科目 70%~80% 的分数。之后提到的概化理论、项目反应理论、认知诊断理论虽然比较难理解，但考频并不高，只是偶尔考 1~2 道选择题，因此，在复习时掌握其基本内容即可，无须过多拓展；至于测验的编制和实施，还有常模和标准参照测验，虽然内容很多，但考得并不难，同学们只要理解并掌握相关基础知识就可以应对了。

综上所述，心理测量学科目的重点是非常突出的，因此，同学们在复习时要抓牢重点，有针对性地复习，才能事半功倍。

（二）以识记为主，做题为辅

心理测量学科目的知识点较为琐碎，理论也比较多，而实际考试中又主要考查理论知识，因此，同学们在复习时仍要以背诵记忆为主，对分点较多的内容，可以适当编口诀帮助记忆。

此外，心理测量学科目也会涉及一些公式，相比心理统计学科目来说比较少，因此，建议同学们在学习时将所涉及的公式总结在一张纸上。这些公式在选择题中考查较多，建议同学们辅以相关习题配套练习，灵活运用。

（三）结合其他科目进行学习

心理测量学科目中有很多内容与其他学科的知识点有所重叠。例如，常用的心理测验，同学们在普通心理学科目中也会学习到一部分人格测验；四种量表类型在心理统计学科目中也有提到；实验心理学科目也提到了信效度的概念，但实验的信效度和测验的信效度并不等同。以上这些知识其实都是不同学科之间的重叠部分，同学们可以将心理测量学中的知识点与其他学科的知识点结合起来进行学习，这里建议将心理测量学科目放在实验心理学和心理统计学科目之后学习。

目录

第一章 心理测量概论

知识导读 ··· 001
知识地图 ··· 001
知识精讲 ··· 002

第一节 心理与教育测量的基本概念 ··· 002
- 知识点1 测量的定义 ··· 002
- 知识点2 测量的基本要素 ··· 002
- 知识点3 测量的量表 ··· 003
- 知识点4 心理测量与心理测验 ··· 004

第二节 心理测验的种类和功能 ··· 006
- 知识点1 心理测验的种类 ··· 006
- 知识点2 心理测验的功能 ··· 010

第三节 心理测量工作者的素质要求、职业规范和道德准则 ··· 011
- 知识点1 心理测量工作者的素质要求 ··· 011
- 知识点2 心理测量工作者的职业规范和道德准则 ··· 012

第四节 心理测量学的发展历史 ··· 013
- 知识点1 中国古代的心理与教育测量 ··· 013
- 知识点2 西方近代心理测验产生的原因与背景 ··· 014
- 知识点3 西方心理测验的先驱 ··· 014
- 知识点4 心理与教育测验的发展 ··· 015

第二章 经典测量理论

知识导读 ··· 017
知识地图 ··· 017
知识精讲 ··· 018

第一节 经典测量理论模型 ··· 018

	知识点 1	心理特质及其可测性	018
	知识点 2	测量误差	018
	知识点 3	经典测量理论（CTT）的数学模型	019
	知识点 4	对经典测量理论的评价	021

第二节　测量的信度 ········ 022

	知识点 1	信度的含义	022
	知识点 2	信度的作用	023
	知识点 3	信度系数的估计	024
	知识点 4	影响信度的因素与提高信度的方法	030

第三节　测量的效度 ········ 031

	知识点 1	效度的含义	031
	知识点 2	效度的估计	032
	知识点 3	影响效度的因素与提高效度的方法	040
	知识点 4	信度与效度的关系	041

第三章　现代测量理论

知识导读 ········ 044

知识地图 ········ 044

知识精讲 ········ 045

第一节　概化理论 ········ 045

	知识点 1	概化理论概述	045
	知识点 2	方差分量的估计	046
	知识点 3	G 研究与 D 研究	046

第二节　项目反应理论 ········ 048

	知识点 1	潜在特质理论及项目反应理论的基本假设	048
	知识点 2	项目特征曲线与项目特征函数	049
	知识点 3	项目信息函数与测验信息函数	050
	知识点 4	项目反应理论的特点与优点	051

第三节　认知诊断理论 ········ 052

	知识点 1	认知诊断的含义与学科基础	052
	知识点 2	认知诊断的基础概念	052
	知识点 3	认知诊断的基础流程	054

  知识点 4 两种常用认知诊断模型 ··· 055

  知识点 5 认知诊断展望 ·· 055

第四章 心理测验的编制和实施

知识导读 ·· 057

知识地图 ·· 057

知识精讲 ·· 057

第一节 心理测验的编制技术 ··· 057

  知识点 1 测验的设计 ·· 057

  知识点 2 心理测验编制的基本程序 ·· 058

  知识点 3 测验目的与命题双向细目表 ··· 058

  知识点 4 题目编制技术 ·· 059

  知识点 5 测验标准化 ·· 061

  知识点 6 测验等值技术 ·· 062

第二节 心理测验的实施 ·· 064

  知识点 1 施测的程序与步骤 ·· 064

  知识点 2 施测中的注意事项 ·· 065

第五章 心理测验项目分析

知识导读 ·· 067

知识地图 ·· 067

知识精讲 ·· 068

第一节 难 度 ··· 068

  知识点 1 难度的含义 ·· 068

  知识点 2 难度的计算方法 ··· 068

  知识点 3 测验难度水平的确定 ··· 069

  知识点 4 难度的等距变换 ··· 070

  知识点 5 难度对测验的影响 ·· 070

第二节 区分度 ··· 071

  知识点 1 区分度的含义 ·· 071

  知识点 2 区分度的计算方法 ·· 071

  知识点 3　区分度与难度的关系···073

  知识点 4　区分度的相对性··073

第三节　项目的综合分析和筛选···074

  知识点 1　项目的综合分析和筛选··074

第六章　测验常模

知识导读··076

知识地图··076

知识精讲··077

第一节　常模概述···077

  知识点 1　常模的含义··077

  知识点 2　常模团体··077

  知识点 3　常模的编制··077

  知识点 4　常模参照测验··078

第二节　分数的转换与合成··079

  知识点 1　分数转换的含义··079

  知识点 2　常用导出分数··079

  知识点 3　分数的合成··082

第三节　常模参照测验分数的解释与应用···083

  知识点 1　发展常模··083

  知识点 2　组内常模··085

  知识点 3　呈现常模分数的方法··085

  知识点 4　测验分数的解释··086

第七章　标准参照测验

知识导读··088

知识地图··088

知识精讲··089

第一节　标准参照测验概述··089

  知识点 1　标准参照测验的含义与作用··089

  知识点 2　标准参照测验与常模参照测验的区别和联系··089

第二节　标准参照测验的项目分析 ··· 090
  知识点 1　测验项目的内容范围 ·· 090
  知识点 2　测验项目的内容效度分析 ·· 090
  知识点 3　测验项目的难度和区分度分析 ··· 091

第三节　标准参照测验的信度与效度 ··· 092
  知识点 1　标准参照测验的信度及其估计 ··· 092
  知识点 2　标准参照测验的效度及其估计 ··· 093

第四节　常用标准设定方法 ··· 093
  知识点 1　行为标准的制定 ·· 093
  知识点 2　确定分界点的方法 ··· 093

第五节　标准参照测验的分数解释 ·· 094
  知识点 1　内容参照分数 ·· 095
  知识点 2　结果参照分数 ·· 095

第八章　常用的心理测验

知识导读 ··· 097
知识地图 ··· 097
知识精讲 ··· 098

第一节　常用智力测验 ·· 098
  知识点 1　个体智力测验 ·· 098
  知识点 2　团体智力测验 ·· 103
  知识点 3　能力倾向测验 ·· 105
  知识点 4　特殊能力测验 ·· 106
  知识点 5　创造力测验 ··· 107

第二节　常用人格测验 ·· 108
  知识点 1　人格测验概述 ·· 108
  知识点 2　自陈量表 ·· 109
  知识点 3　投射测验 ·· 113
  知识点 4　人格测验的其他方法 ··· 115

第三节　学绩测验 ·· 116
  知识点 1　学绩测验概述 ·· 116
  知识点 2　标准化学绩测验 ··· 117

知识点3　教师自编课堂测验 ··· 119
第四节　其他测验 ·· 120
　　知识点1　态度测验 ·· 120
　　知识点2　品德测量 ·· 121
　　知识点3　兴趣测验 ·· 122
　　知识点4　心理健康量表 ·· 123
　　知识点5　发育量表 ·· 126

第一章　心理测量概论

知识导读

如何客观地了解人们的内心活动与个性特点？早在西周时期，无论是学校育才还是朝廷选拔官员，都已经具有一定的评鉴标准。心理测量是科学有效地了解个人心理特质的方法、技术，在人们的生活中有广泛运用。同学们对测量、测验、量表等这些术语都不陌生，很多人心目中对其有一些或模糊或具体的定义，但是在心理测量学中，这些术语是如何定义的？平时人们听到或用到的智力测验、人格测验具有哪些功能？如何科学地使用它们？心理测量学是如何发展而来的？为了回答这些基础问题，本章首先介绍了心理与教育测量的基本概念，如测量的定义、测量的基本要素、四种量表的概念、心理测量与心理测验的概念；然后介绍了心理测验的种类和功能；接着介绍了心理与教育测量工作者的素质要求、职业规范和道德准则，最后介绍了心理测量学的发展历史。

在心理学考研中，对第一节介绍的基本概念，同学们一定要在理解的基础上掌握，这是考察的重点；第二节、第三节的内容主要以单选题、多选题的形式进行考察；对第四节心理测量学的发展历史，同学们重点关注关键事件即可。

知识地图

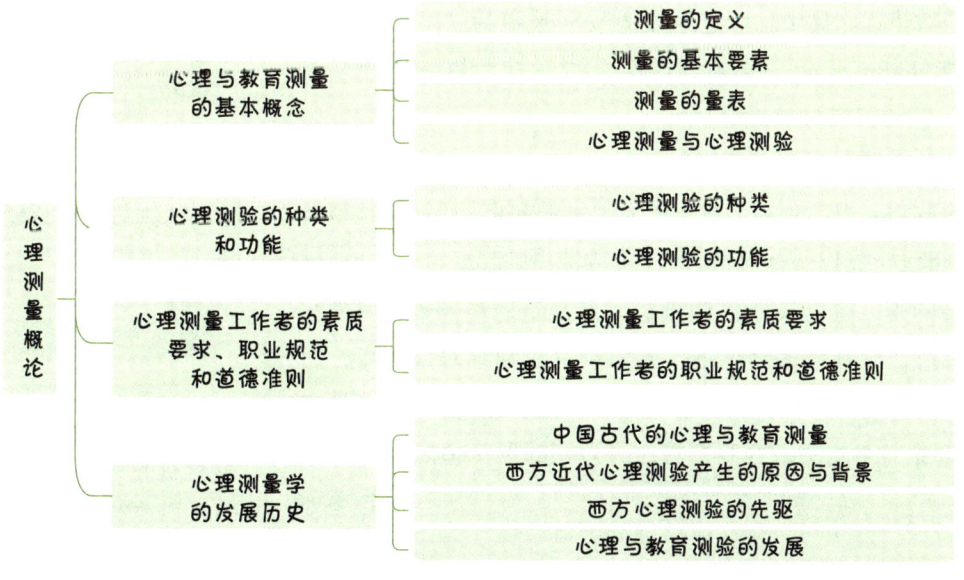

第一节　心理与教育测量的基本概念

知识点 1　测量的定义 ★

测量是指<u>依据一定的法则</u>使用<u>量尺</u>对<u>事物的属性</u>进行<u>定量描述</u>的过程。这个定义中包括以下四个关键词。

1. 一定的法则　　　　　　　　　　　　　　» TIPS ①

一定的法则是指任何测量都要<u>建立在某种科学规则和科学原理的基础上</u>，并通过<u>科学的方法和程序</u>完成测量过程。

2. 量尺　　　　　　　　　　　　　　　　» TIPS ②

量尺是指测量中所使用的<u>度量工具</u>。

3. 事物的属性　　　　　　　　　　　　　» TIPS ③

事物的属性是指所要测量的客体或事件的<u>特定特征</u>。

4. 定量描述

定量描述是指测量的结果总是对事物属性的<u>量的确定</u>。

知识点 2　测量的基本要素 ★

一个完善的测量必须具备两个基本要素，即测量的参照点和测量的单位。

1. 测量的参照点

（1）参照点的含义

从根本上说，测量是为了确定<u>特定事物特定特征的数量</u>。因此，在测量工作中，必须有一个<u>测量的原始起点</u>，也就是测量前测量对象的数量的固定原点，这个固定原点就叫作测量的参照点。

在测量的数量连续体中，固定原点的数字被定为"0"。要使两个测量数量能够相互比较，必须使这两个测量<u>建立在同一个参照点上</u>。

（2）测量的参照点有以下两种。

①绝对参照点：指以<u>绝对的零点</u>作为测量的起点。　　» TIPS ④

②相对参照点：指以<u>人为确定的零点</u>作为测量的起点。 » TIPS ⑤

需要注意的是，<u>最为理想的测量参照点是绝对参照点</u>，因为它的意义最为明确，但在许多情况下，人们难以找到绝对参照点，所以必须改用相对参照点。采用相对参照点为测量起点的测量结果<u>只能进行加减运算而不能进行乘除运算，因为它的两个值之间没有倍数关系</u>。　　　　　　　　　　　　　　　　　» TIPS ⑥

TIPS ①

用杆秤测量物体的质量，所依据的是物理学上的杠杆原理；用温度计测量温度依据的是热胀冷缩原理。心理学作为一门科学，也需要建立在科学规则和科学原理的基础上。

TIPS ②

在体温测量中，体温计就是测量体温的度量工具。

TIPS ③

事物的属性就是我们所要测量的对象或目标。例如，物体的重量、长短、高矮，物体运动的速度等，都是事物的属性。

TIPS ④

如对长度、质量的测量都以零点为起点，表示以没有一点长度、没有一点质量为起点。

TIPS ⑤

对海拔高度的测量以海平面为测量的起点；对气温的测量以水的冰点为测量的起点。

TIPS ⑥

在智力测量中，假定甲的智商为100，乙的智商为50，我们不能说甲的智商是乙的智商的2倍（因为智商不可能为0），只能说甲的智商高出乙的智商50。

2. 测量的单位

不同测量所用的单位不同。理想的测量单位应当具备以下两个条件。

①有确定的意义：对同一单位，所有人的理解都是相同的，不允许做出不同的解释。

②有相等的价值：第一个单位与第二个单位之间的距离等于第二个单位与第三个单位之间的距离。　　　》 TIPS ⑦

知识点 3　测量的量表 ★

量表是指能够使事物的特征数量化的数字连续体。建立系统的法则，选择有意义的参照点及单位来量化事物属性的活动被称为度量。

美国心理学家斯蒂文斯根据测量精确程度的不同，将测量的量表从低级到高级分成四种水平，即称名量表、顺序量表、等距量表和比率量表。

1. 称名量表　　》 TIPS ⑧

①称名量表用数字代表事物或用数字对事物进行分类。

②适合对称名量表进行统计分析的方法有百分比（%）、次数（f）、众数（M_0）、卡方检验（χ^2）。

2. 顺序量表　　》 TIPS ⑨

①顺序量表不仅能够指代事物的类别，还能够表明不同类别的大小、等级或事物具有某种特征的程度。

②适合对顺序量表进行统计分析的方法有中位数（M_d）、百分位数（p_m）、等级相关系数（r_p）和肯德尔和谐系数（W）等。

3. 等距量表　　》 TIPS ⑩

①等距量表不仅能够指代事物的类别和等级，而且单位具有等距性，可以对其进行加减运算。但是因为没有绝对的零点（它的零点是人为假定的相对零点），所以等距量表中的两个数量不存在倍数关系，它们之间不能进行乘除运算。

②适合于对等距量表进行统计分析的方法有平均数（M）、标准差（SD）、积差相关系数（r）、等级相关系数（r_p）、t检验和F检验。

4. 比率量表　　》 TIPS ⑪

①比率量表是最完善的测量量表，因为它除了具有类别、等级和等距的特征外，还具有绝对的零点或固定的原点。使用比率量表不仅可以知道测量对象之间相差的程度，而且可以知道它们之间的比例。

②适合对比率量表进行统计分析的方法除了与等距量表相同的之外，还有几何平均数（M_g）、变异系数（CV）等。

TIPS ⑦

例如，所有人对"千克（kg）"都有由同样的理解，且30 kg与20 kg之差等于40 kg与30 kg之差。

TIPS ⑧

例如，用"1"代表男生，用"2"代表女生。

TIPS ⑨

在各种体育比赛中，我们通常取前3名，分别用1、2、3代表，那么我们就可以说1＞2＞3，这表示第1名的水平高于第2名的水平，第2名的水平又高于第3名的水平，但第1名和第2名之间的差距与第2名和第3名之间的差距通常是不同的。

TIPS ⑩

在温度测量中，10 ℃和15 ℃的差别与15 ℃和20 ℃的差别是相等的。

TIPS ⑪

在质量测量中，测得甲的质量为40 kg，乙的质量为20 kg，那么我们既可知道甲比乙重20 kg，又可知道甲的质量是乙的质量的2倍。

5. 四种量表的比较

表1-1对上述四种量表进行了比较。

表1-1 四种量表的比较

比较项目	是否有大小之分	是否有相等单位	是否有绝对零点	是否能进行代数运算
称名量表	×	×	×	×
顺序量表	√	×	×	×
等距量表	√	√	×	可加减，不可乘除
比率量表	√	√	√	√

知识点 4　心理测量与心理测验 ★

1. 心理测量概述

（1）心理测量的含义

根据心理学法则给人的心理特质指派数字，或者依据一定的心理学理论在测验上对人的心理特质进行定量描述的过程。

（2）心理测量的性质

①心理测量是一种间接测量。我们只能通过一个人对测验题目的反应来推论他的心理特质。

②测量都是与所在团体的大多数人的行为或某种人为确定的标准相比较而言的。

③测量的客观性指测量的标准化问题。测验的标准化是指测验的编制、实施、计分、解释等程序的规范性。

（3）心理测量的量表

从本质上讲，心理测量的量表属于顺序量表。原因如下。

①从所使用的参照点来说，心理测量领域的参照点均为相对零点，而非绝对零点。

②从所使用的单位来说，心理测量的单位远没有其他测量的单位成熟和完善。

　a. 心理测量所使用的单位的意义不太明确；

　b. 在心理测量中的单位常常不等值。

2. 心理测验概述

（1）心理测验的含义

心理测验是通过观察人的少数有代表性的行为，对贯穿在人的全部行为活动中的心理特点做出推论和数量化分析的一种科学方法。它是心理测量的一种工具和手段，是根据一定法则对人的行为用数字加以确定的方法。

（2）心理测验的基本条件

美国心理测量学家安娜斯塔西认为："心理测验实质上是对行为

> **TIPS 12**
>
> 根据定义，凡涉及人的心理活动和心理属性的测量都可以称为心理测量。例如，对人的心理所进行的神经生理学测定方法属于心理测量方法，却不属于心理测验。心理测量的范围比心理测验广泛得多。

样本的客观的和标准化的测量。"根据这一定义，一个心理测验应当具备以下四个基本条件。

①**行为样本**

测量学家的做法是从人的大量行为中抽取与欲测量的心理特质直接相关的一组行为进行测量，并依据对这一组行为的测量结果推断其心理特质或教育成就。 》》TIPS ⑬

那些可供实现行为抽样的所有行为的总体称为**行为域**。从行为域中被抽取出来的、作为直接测量对象的行为样例就是**行为样本**。

②**标准化**

测验的标准化是指测验的编制、实施、记分以及测验分数解释的程序的一致性。

测验的标准化的四个要件：

a. **测验内容的标准化**：对所有接受测量的个人实施相同的或等值的测验内容。

b. **施测条件的标准化**：对所有接受测量的个人必须在相同的施测条件下实施测验。其中包括：相同的测验情境；相同的指导语；相同的测验时限。

c. **评分规则的标准化**：要求评分结果的客观性，测验中所制定的评分规则要足以使不同评分人的评分结果保持最大限度的一致。

d. **测验常模的标准化**：常模是一组有代表性的被试群体的平均测验分数。编制测验常模的关键是要抽取有代表性的被试样本，它要求按照抽样原则抽取样本中的每一个个体。

（3）**难度或应答率**

①测验项目通常是按照其难度由简单到复杂编排的，而项目难度是通过计算**答对某一项目的被试人数比例**来确定的。难度太低或太高都不能有效将不同水平的个体区分开来，也就不能保证测验的科学性。

②态度测验、兴趣测验、性格测验等心理测验的测验项目不存在难度问题，但存在测验项目的**应答率问题**。如果在某些测验项目上，答"是"或答"否"的被试人数太多或太少，则同样不能有效地区分不同态度、兴趣或性格的人。

（4）**信度和效度**

评价一个心理测验是否科学的重要指标是它的信度和效度。

①**信度**：指一个**心理测验的可靠性**，即用同一心理测验多次测量同一个团体，所得结果之间的一致性程度。信度是衡量心理测验科学性最基本的指标。

②**效度**：指一个**心理测验的有效性**，即一个心理测验在多大程

TIPS ⑬

我们要想知道学生数学运算能力的高低，就可以先划定相关的数学知识范围作为知识域，然后通过抽样的方法从中选择若干有代表性的数学问题，要求学生解答这些数学问题。学生在解答这些数学问题时的行为就是我们要测量的直接对象，当我们根据这一组行为来推断学生的整体数学运算能力时，这一组行为就是数学运算能力的行为样本，而引起学生行为的那些数学问题就构成了测验的项目。

度上能够测到它所要测的心理特质。如果一个心理测验所测得的不是它所要测得的特质，这个心理测验就是无效的。效度是衡量心理测验科学性最重要的指标。

> **本节小结**
>
> 本节主要对测量的基本概念进行介绍。测量就是根据一定的法则用数字对事物的属性加以确定的过程。任何测量都必须具备两个基本要素，即测量的参照点和单位。根据不同的参照点和单位，测量量表从低级到高级分为四种，即称名量表、顺序量表、等距量表、比率量表。心理测量是依据一定的心理学理论在测验上对人的心理特质进行定量描述的过程，心理测量具有间接性、相对性、客观性。心理测验是心理测量的一种工具和手段。一个心理测验应当具备四个基本条件：行为样本、标准化、难度或应答率、信度和效度。

第二节 心理测验的种类和功能

知识点 1 心理测验的种类 ★

1. 按测量对象分类

（1）**智力测验**

智力测验旨在测量个人的智力（一般认知能力）水平的高低。

例如，斯坦福-比奈量表、韦克斯勒智力量表、瑞文标准推理测验等。

（2）**能力倾向测验**

能力倾向测验旨在测量个人的潜在才能，预测个人的能力发展倾向。能力倾向测验一般可分为以下两种。

①一般能力倾向测验：测量个人多方面的潜能。

②特殊能力倾向测验：测量个人的特殊潜在能力，如音乐能力倾向测验、机械能力倾向测验等。

（3）**成就测验**

成就测验旨在测量个人在接受教育后的学业成就。因为所测得的主要是学习成绩，所以也可以称其为学绩测验。成就测验有以下两种类型。

①学科成就测验：测量受教育者在某一科目上的学习成就。

②综合成就测验：测量受教育者在各学科上的综合学业成就。

（4）**人格测验**

人格测验旨在测量个人在兴趣、态度、动机、气质、性格等方面的个性心理特征，即个性中除能力以外的部分。人格测验主要分为自陈人格问卷和投射测验两类。

2. 按测量方式分类　　　　　　　　　　» TIPS ①

（1）**个别测验**

①含义：个别测验是指仅以一个受测者为对象，通常是一个主试和一个被试面对面进行的测验。

②优点：主试对被试有较多的观察与控制的机会，尤其是在某些人（如幼儿或文盲）不能使用文字，只能由主试记录反应时更加适用。

③缺点：比较费时间，不易进行大规模测量，建立常模较困难，对主试有较高的要求。

（2）**团体测验**

①含义：团体测验是在同一时间内由一个主试对多个人施测。

②优点：节约时间，可以在短时间内收集到大量资料，在教育方面被广泛使用。

③缺点：不易控制被试的行为，容易产生测量误差，从而影响测验的信度和效度。

3. 按测验内容表达和反应形式分类　　» TIPS ②

（1）**文字测验**

①文字测验所用的材料是文字，被试用文字作答，故文字测验也被称为**纸笔测验**。

②优点：实施方便。团体测验多采用文字测验。

③缺点：容易受被试文化程度的影响。在对有不同教育背景的人使用时，其有效性将降低，甚至无法使用。

（2）**非文字测验**

①非文字测验也称**操作测验**。测验题目多属于对图形、实物、工具、模型的辨认和操作，被试通过指认、手工操作向主试提供答案，无须使用文字作答。

②优点：不受或少受文化因素的影响，常用于设计"**文化公平测验**"，可用于幼儿和不识字的成人。

③缺点：除图形项目外，大多不宜团体施测，时间成本不低。

4. 按测验的目的分类

（1）**描述性测验**

描述性测验的目的在于对个人或团体的能力、性格、兴趣、知识水平等进行描述说明。描述性测验主要用于描述和说明被测者在某一心理特质上的一般状况或说明某一时期的问题。

（2）**诊断性测验**

诊断性测验的目的在于对个人或团体的某种行为问题进行诊断。诊断性测验通常在教育、咨询和临床治疗中被广泛应用。

TIPS ①

团体测验可用于个别测量，但个别测验不能用于团体测量。

TIPS ②

这种分法也被称为按照测验的方式分类，分为纸笔测验、操作测验、口头测验和电脑测验。

（3）预测性测验

预测性测验的目的在于根据测验分数预估一个人将来的表现和某一心理状况所能达到的水平。预测性测验在人才选拔中应用广泛。

5. 按测验功能分类

（1）成就测验与预测测验

①成就测验的目的是测量个人在某一领域已经达到的实际成就。

②预测测验的目的是测量个人未来在某一方面获得成功的可能性。

（2）难度测验与速度测验

①难度测验的功能在于识别个人能够达到的最高水平。包括难度不等的项目，其中有一些极难的项目，由易到难排列，测验时间充裕。

②速度测验的功能在于识别个人做题的最快速度。包括大量相对容易的项目，要求被试在严格限定的时间内作答。

（3）描述测验与诊断测验

①描述测验的功能在于通过测量来描述某一特定群体在某一心理特质上的一般状况。

②诊断测验的功能是对个人的问题行为及其原因进行诊断。

6. 按测验的要求分类

（1）最高作为测验

这种测验要求被试尽可能做出最好的回答，主要与认知过程有关，有正确答案。能力测验、学绩测验均属于最高作为测验。

（2）典型作为测验

这种测验要求被试按通常的习惯方式做出反应，没有正确答案。一般来说，人格测验属于典型作为测验。

7. 按测验的性质分类

（1）构造性测验

这类测验有清楚的测验结构，测验所呈现的刺激是清楚的，被试的任务是明确的。测验的记分和解释都有严格的规定。

（2）投射性测验

这类测验的目的是让被试在无意中将自己内心深处的欲望、观念、情绪、动机、态度等投射在反应中，以便主试对被试的心理进行深层次的分析。这种测验中的刺激没有明确的意义，问题模糊，对被试的反应也没有明确的规定。

8. 按测验的标准化程度分类

（1）标准化测验

标准化测验是指从编制到实施都严格遵循测量理论并严格控制与测验目的无关的影响因素的测验。衡量标准化测验的主要指标是信度和效度。

（2）**非标准化测验**

非标准化测验是指**不符合标准化程序**的测验。例如，教师所使用的自编课堂测验就是典型的非标准化测验。

9. 按测验分数的解释方法分类

（1）**常模参照测验**

常模参照测验**以常模作为解释分数的参照系统**。常模是被试所在群体的分数分布情况。常模参照测验关心的不是一个人知识、能力或某种心理特质的绝对水平，而是其**在所属群体中的相对位置**。也就是将一个人的分数与其他人的分数相比较，看其在某一团体中所处的位置。

（2）**标准参照测验**

标准参照测验在**对测验结果做出解释时不是与其他人相比较**，而是根据特定的标准对个体做出是否达标或达到什么程度的判断。这种测验常常用来检验学习效果，**看个人对指定的内容范围或技能掌握得如何，是否达到某一标准**。各种资格考试，如教师资格证考试就属于这类测验。

10. 按测验的应用领域分类

（1）**教育测验**

测验应用最广的是教育领域。在学校中用得最多的测验是成就测验，其他测验也经常会用到。心理与教育测验是教师了解学生的有效手段。

（2）**职业测验**

各行各业的人事部门选拔人才时需要根据对各个职位的分析，找出各个职位所要求的心理特征，并根据这些特征设计出各种能力测验、人格测验和成就测验，以便预测人们从事各个职位的适宜性，提高人才选拔和职业训练的有效性，做到人尽其才，提高工作效率。

（3）**临床测验**

临床测验主要用于医务部门。许多能力测验和人格测验可用来检查智力障碍或精神疾病，为临床诊断和心理治疗工作服务。

11. 按测验的评分方式分类

（1）**客观性测验**

客观性测验是指由客观性题目构成、计分客观公正的测验。客观性题目的题型包括是非题、选择题（或选答题）、填充题等。

（2）**主观性测验**

主观性测验是由论述题或评价题等构成的测验。论述性题目也称自由应答题，如作文。

知识点 2　心理测验的功能 ★

1. 测验在理论研究中的应用

（1）收集资料

测验是收集有关个别差异的资料的简便易行而又较为可靠的方法。在心理学和教育学的许多研究工作中，都需要通过测验来获得第一手资料。

（2）建立和检验假说

心理学中的许多理论都是在测验资料的基础上提出来的，测验可以用来检验许多理论。

（3）实验分组

在心理学和教育学研究中，常用测验来对被试进行实验分组，以达到等组化的要求。要想说明实验结果确系实验处理引起的，就必须保证实验组被试与控制组被试在实验前有关的心理特质是相同的。

2. 测验在实际工作中的应用

（1）人才

先根据对各种活动的分析找出各种活动所要求的心理特征，然后根据这些特征设计出各种能力测验、人格测验和成就测验，预测人们从事各种活动的适宜性，以大大提高人才选拔的效率和准确性。

目前，我国已经编制出多种高级技术人才和高级管理人才的选拔测验。例如，用于选拔飞行员的心理测验提高了选拔的准确性，大大减少了人力、物力的浪费。

（2）安置

通过心理与教育测量可以了解个体的能力、人格和心理健康状况等，从而为人员安排提供依据，提高人员安排的效率。

（3）诊断

①在临床上，对各种智力缺陷、精神疾病和脑功能障碍等进行诊断仍然是某些心理测验的主要用途。

②在教育工作中，测验还可以用来发现学生学习困难和适应不良的原因，如是缺乏某种特殊能力、没有掌握某方面的知识，还是性格不良，进而采取适当的帮助和补救措施。

（4）预测

心理测量可以确定个体间的差异和个体内的差异，并由此来预测不同个体在将来的活动中可能出现的差别或推测个体在某个领域未来成功的可能性。

（5）评价

测验可以评价人们在学习和能力上的差异、人格的特点以及相对的长处和弱点，评价儿童已达到的发展阶段等。测验既可以用于评价学生，也可用于评价教师和教学方法，还可以用于评价教学实验的成效；既可以用于评价个人，也可以用于评价团体。测验还有助于人们的自我了解和自我评价。

（6）咨询

①各种关于学业、能力、兴趣、性格的测验可以服务于升学、就业指导，帮助学生了解自己的能力倾向和人格特征，确定最有可能成功的专业或职业，进而做出最优选择。

②心理测验可以探索人的情绪困扰和人格障碍，帮助人们查明心理问题、心理障碍或心理疾病的表现及原因，为当事人的自我决策和行为矫正提供参考意见，也可以为心理咨询师开展心理辅导、咨询或治疗提供重要信息。

> **本节小结**
>
> 本节主要介绍了心理测验的种类和功能。心理测验根据不同的标准有不同的分类。此外，心理与教育测量在理论研究和实际工作中都有着广泛的应用。

第三节　心理测量工作者的素质要求、职业规范和道德准则

知识点 1　心理测量工作者的素质要求 ★

1. 心理测量工作者的知识结构

心理测量工作者不仅要具备心理学的基础理论知识，还要具备心理测量方面的专业知识。

（1）基础理论知识方面

①普通心理学、发展心理学、教育心理学等广泛的心理学基础知识。

②扎实的心理与教育统计学的基础知识。

③教育学的基础知识。

（2）专业知识方面

除了精通人格心理学、智力心理学、变态心理学、心理与教育测量的原理和技术等具有核心地位的专业知识外，心理测量工作者还应根据自己的工作领域具备其他相应的专业知识。

2. 对心理与教育测验的科学态度

人们对心理与教育测验的争论自其问世以来从未间断过。持极端观点者要么高估测验的作用，把它奉为神明；要么贬低测验的作用，把它视为江湖骗术。这两种态度都是极其错误和不科学的。对此，心理测量工作者应有清醒的认识。

①心理测量工作者一方面要认识到，心理与教育测验既是从事心理学与教育学研究的一种重要方法，也是解决实际应用问题的一种重要的辅助工具。

②心理测量工作者另一方面要充分考虑目前的心理与教育测验的科学性还不够高，有待在使用过程中进一步改进和完善。

知识点 2　心理测量工作者的职业规范和道德准则 ★

中国心理学会于 1993 年在《心理学报》发布《**心理测验管理条例（试行）**》和《**心理测验工作者的道德准则**》，2008 年发布了修订后的《心理测验管理条例》和《心理测验工作者职业道德规范》，2015 年再次对上述文件进行了修订。

1. 测验的保密和控制使用

对心理测量工具要保密，对测验的占有范围要控制。

①对测验保密是为了保证测验的价值，防止测验失效。当然，对测验内容保密并不意味着不需要向被试和一般公众介绍测验的相关知识。但这种介绍的目的应限于：破除对测验的神秘感；了解测验的一些技术和方法；熟悉测验的程序和手续，消除被试的紧张和焦虑情绪。

②对测验的控制使用是指并非所有人都可以接触和使用测验，测验的使用者必须是经过专业训练和具有一定资格的人员。对测验要控制使用是为了保证测验的实施，对测验分数的解释既要合乎科学，又要对被试未来的成长有益。

2. 测验中个人隐私的保护

在测验工作尤其是人格测验工作中，心理测量工作者经常会遇到的一个不可忽视的问题就是侵犯被试的个人隐私。测验工作者应当对被试采取适当的保护措施。

①只有在必要的情况下，测验工作者才能询问被试个人隐私问题，凡与测验目的无关的方面都不应涉及。

②承诺为被试保密，并在实际行动上为被试严守秘密。

③凡必须涉及个人隐私的测验，应事先征得被试本人或其他有关人员的同意。

> **本节小结**
>
> 本节主要对心理测量工作者的素质要求、职业规范和道德准则进行介绍。为了使心理与教育测验取得更好的社会效益，心理测量工作者应受过专门的训练。在工作中，心理与教育测量工作者必须具备相应的基础知识、专业知识和科学态度，同时要严格遵守职业规范和道德准则，对测验结果及相关内容严格保密，维护被试的个人隐私。

第四节 心理测量学的发展历史

知识点 1 中国古代的心理与教育测量 ★

1. 中国古代的心理测量思想

（1）孟子提出"权，然后知轻重；度，然后知长短。物皆然，心为甚"，深刻指出了对心理现象加以测量的必要性和可能性。

（2）战国时期的韩非提出以实践检验人的心理素质的观点。

（3）《孙子兵法》提出统帅三军的将领必须具备的五个条件。

（4）刘劭撰写了《人物志》，把人分成圣贤、豪杰、傲荡、拘懦四种。1937年，美国学者施瑞奥克将该书以"人类能力的研究"为名译为英文在美国出版。

（5）中医传统的诊断方法望、闻、问、切实际上就是对疾病的全面测量方法；《黄帝内经》根据阴阳思想把人的气质类型分成太阴、太阳、少阴、少阳、阴阳和平五种，实际上是最早的人格分类。

2. 中国古代的教育测量

（1）我国最早的教育专著《学记》记载了西周时期的教育制度和考试制度，分年论述了学生各种能力与个性特征考察的情况。

（2）春秋时期，孔子提出"中人以上，可以语上也；中人以下，不可以语上也"，把学生分成中人、中人以上和中人以下。

（3）汉代学者董仲舒提出"一手画方，一手画圆"是世界上最早的心理（注意）测验。

（4）6世纪中叶，中国江南地区流行类似于现在的婴儿发展测验的"周岁试儿"习俗。

（5）隋炀帝创立开科取士制度，科举制度在教育测量史上具有重要地位，欧美各国的文官考试制度就是直接模仿中国的科举制度。

（6）盛行于清代的益智图（俗称七巧板）、九连环被认为是最早的智力和创造力测验。美国心理学家伍德沃斯对九连环极为赞赏，称之为"中国式的迷津"。

知识点 2　西方近代心理测验产生的原因与背景 ★

①天文学界发现，人与人之间在观测和记录星体运行的时间上存在一种恒定的误差，这种现象是一种个体上的差异，这引起了学者们对**个体差异**的研究，促进了心理测验的产生和发展。

② 1879 年，德国心理学家**冯特**在莱比锡大学建立世界上第一个心理实验室，开始对人的心理现象进行量化研究。冯特在实验室中**证实了个体差异的存在**，并发明了测量思维敏捷性等个体差异的工具。早期的实验心理学和心理物理学为心理测验的发展奠定了基础，特别是研究者对实验条件的控制为测验实施的标准化提供了经验。

③法国医生**艾斯克罗**首次提出了**区别**智力落后者与精神病患者的**方法**；法国精神科医生**塞甘**（也译沈干）出版了《智障儿童及其生理治疗法》一书，专门研究从感觉辨别力和运动控制方面来**训练智力落后的儿童，**并于 1837 年创办了第一所专门教育智力落后儿童的学校。

知识点 3　西方心理测验的先驱 ★

1. 高尔顿

①英国科学家高尔顿是**优生学的创始人**，在遗传学、统计学、心理学等学科领域中都有重要贡献。他曾编制了多种感觉性与运动性测验，并且首先提出能力有一般能力和特殊能力之分。

② 1869 年，高尔顿出版了**《遗传的天才》**一书，提出**人的智慧是由遗传得来的**，并且假设人类的智慧分布形式是正态分布（或常态分配），人类智慧的差异是可以测量的。在研究中，高尔顿首先采用了统计学中的常态律，并发明了统计的相关法。

③ 1883 年，高尔顿出版了《人类才能及其发展的研究》一书，在这本著作中，高尔顿**首次提出"心理测量"这一重要术语。**

④高尔顿曾发明了**多种心理测验仪器**，如高尔顿笛、高尔顿尺等。众多学者认为，高尔顿是差异心理学的创始人，也是**直接推动心理测验产生的第一人**。

⑤**最早使用科学方法测量人格**，早在 1884 年他就在《品格的测量》一文中做出了相关阐述。这一切标志着科学人格测量的开始。

2. 卡特尔

1890 年，美国心理学家卡特尔发表了著名的《心理测验与测量》一文，**首次提出"心理测验"这个术语。**

3. 比奈

1905 年，法国心理学家比奈与医生西蒙合作，编制了**世界上第一个智力测验——比奈-西蒙量表**。比奈因此被称为"心理测验之父"。

美国心理学家波林指出，在测验领域中，19 世纪 80 年代是高尔顿的 10 年，19 世纪 90 年代是卡特尔的 10 年，20 世纪最初的 10 年是比奈的 10 年。

知识点 4　心理与教育测验的发展 ★

1. 智力测验的发展

①斯坦福大学**推孟**教授在比奈－西蒙量表的基础上进行了修订，编制成斯坦福－比奈智力量表，采用了比率智商的概念来表示智力水平的高低。

②第一次世界大战期间，美国军队出于对官兵选拔和分派兵种的需要，发展出**陆军甲种测验（文字测验）和陆军乙种测验（非文字测验）**，这两种测验均可用于大规模的团体施测。

③1938年，英国心理学家**瑞文**编制了瑞文标准推理测验，这是一个著名的非文字智力测验，既可以用于个别施测，又可用于团体施测。

2. 教育测验的发展

①1904年，美国心理学家**桑代克**的《心理与社会测量导论》一书正式出版，该书是关于测验理论的第一部著作，系统地介绍了统计方法及测验编制的基本原理，为测验的发展奠定了基础。

②1909年，桑代克根据统计学"等距"原理为测验量表确定了单位。此外，他还编制了书法量表、拼写量表、图画量表、作文量表等。桑代克被称为教育测量的鼻祖（"教育测量学之父"）。

3. 人格测验的发展

①人格测验的先驱是**德国精神病学家克雷佩林**，他最早使用**自由联想测验**来诊断精神病。人格测验最先被应用于临床，后来才被应用于正常人的人格测验。

②**伍德沃斯**于1917年编制了**第一个现代意义上的人格问卷**，即伍德沃斯个人资料调查表，为自陈问卷，用于鉴别不能从事军事工作的精神病患者。该量表后来一直被奉为情绪适应调查表的范本。

③1921年，瑞士精神病医生**罗夏**发表了第一个投射测验，即罗夏墨迹测验。1935年，美国心理学家**莫瑞**发表了主题统觉测验（TAT）。

> **本节小结**
>
> 　　本节主要介绍了心理测量学的发展历史。中国古代蕴涵着丰富的心理测量思想，孔子、孟子等关于个别差异及其可测量性的论述，盛行千年的科举制度和流行于民间的智力游戏等都在心理与教育测量的发展历史上留下来深深的足迹。西方近代心理测验的产生与历史发展的需要紧密相连，最先倡导测验运动的是高尔顿，并首次提出心理测量；卡特尔首先提出"心理测验"这个术语，比奈与西蒙编制了世界上第一个智力测验量表。心理与教育测验的发展主要体现在智力测验、教育测验和人格测验中。

名词总结

测量	测验量尺	测量的参照点	绝对参照点
相对参照点	测量的单位	称名量表	顺序量表
等距量表	比率量表	心理测量	
心理测验标准化	能力倾向测验	人格测验	个别测验
团体测验	文字测验	非文字测验	速度测验
难度测验	客观性测验	主观性测验	心理测量学
高尔顿	卡特尔	比奈	

第二章 经典测量理论

知识导读

任何心理测验,从编制到实施的整个过程都是在一定的理论指导下进行的,心理测验在经典测验理论的指导下取得了很大的成绩。本章第一节介绍了经典测量理论模型的相关内容。在使用心理测验时,我们关心的是这个测验的结果是否可靠(可靠的测验是能够全面、真实地反映所测心理特质的情况或水平的),因此,需要对这种可靠性(测验的信度)进行考察。本章第二节对测验的信度做全面分析,分别介绍了信度的含义、信度的作用、信度系数的估计、影响信度的因素与提高信度的方法。保证测验质量还要确定测验是否真正测到了所要测量的特质。效度是评判测验结果有效性的依据,只有效度达到一定的水准,测验才被认为是高质量的,因此,本章第三节详细介绍效度的含义、效度的估计、影响效度的因素与提高效度的方法,并对信度与效度的关系进行了阐述。

在心理学考研中,本章的内容属于重点考察内容,不管是单选题、多选题抑或是简答题、论述题都有涉及。因此,对本章的内容,同学们要在理解的基础上掌握;对各种计算公式,同学们可以结合心理统计学学习,并配套相关习题进行有针对性的练习。

知识地图

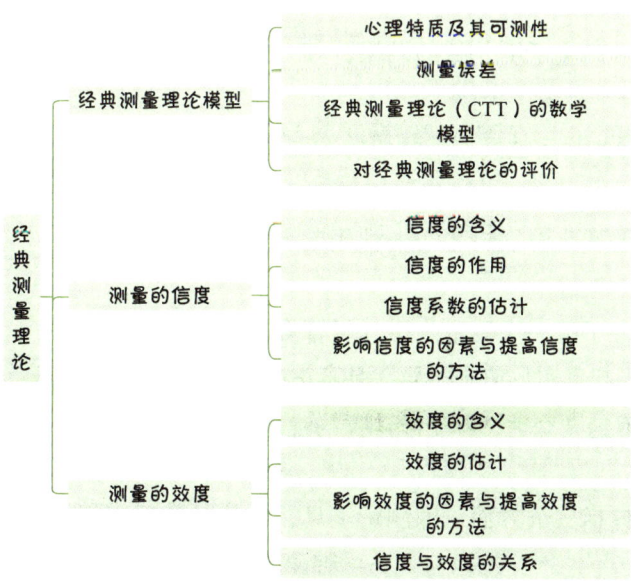

知识精讲

第一节　经典测量理论模型

知识点 1　心理特质及其可测性 ★

1. 心理特质的含义　　》TIPS ①

心理特质是表现在个体身上所特有的相对稳定的行为方式。

2. 心理特质的可测性假设

①"凡客观存在的事物都有其数量"（桑代克，1918），"凡有其数量的事物都可以测量"（麦柯尔，1939）。

②心理特质是相对稳定的，可以有许多办法对它进行定义，也可以通过特殊的测量工具对它进行测量。但人的心理特质无法直接测量，只能通过测量个体对测验项目的行为反应来进行推论，间接了解个体的心理特质。

知识点 2　测量误差 ★★

1. 测量误差的含义　　》TIPS ②

测量误差是指在测量过程中由那些与测量目的无关的变化因素所引起的一种不准确或不一致的测量效应。它的含义如下。

①测量误差是由那些与测量目的无关的变化因素所引起的。

②测量误差的表现有不准确或不一致两种方式。

2. 测量误差的种类

心理测量存在两种误差，即随机误差和系统误差。

（1）随机误差　　》TIPS ③

①由与测量目的无关的偶然因素引起的而又不易控制的误差叫作随机误差。

②随机误差使多次测量产生了不一致的结果，其方向和大小的变化完全是随机的，只符合某种统计规律。

③随机误差既影响测量的稳定性又影响测量的准确性。

（2）系统误差　　》TIPS ④

①由与测量目的无关的变化因素引起的一种恒定而有规律的误差叫作系统误差。

②系统误差稳定地存在于每一次测量之中，尽管多次测量的结果非常一致，但实测结果仍与真实数值有差异，是不正确的。

③系统误差只影响测量的准确性，不影响测量的稳定性。

3. 测量误差的来源

测量误差的来源主要包括三个方面，即测量工具、被测对象和施测过程。

TIPS ①

某人在公共汽车上总是给老、弱、病、残、孕者让座，在生活中总是能对他人友好相待、热情相助等，则可以称其具有"善良"的特质。拥有这种特质的个体所表现出来的助人行为是相对稳定的。

TIPS ②

我们去小摊上买水果时，若摊主偷换了秤砣，其测量结果一定不准（与测量目的无关的因素，由修改测量工具造成）。若摊主的秤是合乎要求的，但他在操作时故意快速地耍些手段，则其测量结果一定会与我们复称时得到的结果不一致（不正确地使用工具导致测量不准确）。

TIPS ③

例如，在进行手枪射击时，新手往往很难控制手臂的轻微摆动，结果多次射击的成绩很不一致，造成误差，这种误差就是随机误差。

TIPS ④

例如，在射击过程中，尽管射击选手非常优秀，每次成绩都很一致，但若枪的准心有问题，则其射击成绩将会有稳定的偏差。

（1）测量工具方面 » TIPS ⑤

①心理测量工具通常是一套以测验（问卷）为核心的刺激反应系统（通常称作量表）。

②当量表在测查人的某种心理特质时，若项目所测的东西与我们的测量目的之间出现偏差，则测量会出现误差。

③测量工具信度不好、效度不高是造成误差的两个主要原因。

（2）被测对象方面

①造成测量误差的主要原因是受测者的真正水平是否得到正常发挥。

②一般而言，受测者的某种心理特质水平是相对稳定的，但是他在接受测量时的生理和心理状态会影响其水平的正常发挥。

③受测者应试动机的强弱、受训时间的长短、受训内容的多少、答题反应的快慢等都会产生测量误差。 » TIPS ⑥

（3）施测过程方面 » TIPS ⑦

产生测量误差的原因主要是一些偶然因素，包括施测物理环境、主试的某些属性、评记分环节出现的疏漏，以及意外干扰等。

4. 测量误差的控制

测量误差的控制一般包括以下三个方面。

①测量工具：提高测验编制的科学性、严谨性、测题取样代表性，测题难度、测验时长应适中。

②施测过程：被试的受测情况应保持统一、评分计分客观、解释结果标准化。

③测量对象：保持身心稳定平和，配合主试进行施测。

知识点 3　经典测量理论（CTT）的数学模型 ★★★

1. 观察分数

观察分数（原始分数）即该特质实际测得的分数。

2. 真分数

真分数即 T 分数，是在测量中不存在测量误差的真值或客观值。真分数是由理论构想出来的抽象概念，是对一个人实施无数次测量所得分数的平均值。观察分数接近真分数则表明测量误差较小。

3. 数学模型

经典测量理论假定，观察分数（记为 X）与真分数（记为 T）之间的关系是一种线性关系，并只相差一个随机误差分数（记为 E)，即 $X=T+E$。 » TIPS ⑧

4. 基本假设

（1）根据经典测量理论的数学模型，我们可以引申出三个相关联的假设公理。

TIPS ⑤

例如，当一个量表对同一批人前后几次的测量结果极不一致时，则认为该量表的信度不高；若数学测验结果的好坏取决于文字理解能力的高低，则该测量的效度不高。

TIPS ⑥

例如，被试在生病或疲倦状态下答题，或者不按自己的真实情况作答，都会给测验分数带来误差。

TIPS ⑦

例如，在物理环境方面，施测现场的温度、光线、声音、桌面好坏、空间宽窄等都会在某种程度上造成误差。在主试方面，主试的年龄、性别、外表及其施测时的言谈举止、表情动作、是否按规定实施测验等也都会造成误差。评分记分环节也容易出现差错。此外，若出现意外干扰（如考场突然停电、有人作弊、计时表停了、试卷印刷或装订出错等），同样会让考生分心或造成考场混乱，导致出现测量误差。

TIPS ⑧

在经典测量理论中，误差是不可避免的，由于测量误差的客观存在，测量结果不可能为完全没有误差的真值，而只能获得包含测量误差在内的观察分数，因此，真分数只是一个理论构想，实际测得的分数（观察分数）则是真分数与误差之和。

①若一个人的某种心理特质可以用平行的测验反复测量足够多的次数，则其观察分数的平均值会接近真分数，即 >> TIPS ⑨

$$\varepsilon(\overline{E}) = 0 \text{ 或 } \varepsilon(\overline{X}) = T$$

②真分数和误差分数之间的相关系数为零，即 >> TIPS ⑩

$$\rho_{TE} = 0$$

③各平行测验上的误差分数之间的相关系数为零，即 >> TIPS ⑪

$$\rho_{E1E2} = 0$$

（2）对这一数学模型及其假设，可以从以下三个方面加以理解。

①在问题的研究范围之内，反映个体某种心理特质水平的真分数假定是不会变的，测量任务就是估计这一真分数的大小。

②观察分数被假定等于真分数与误差之和，即假定观察分数与真分数之间的关系是线性关系，而不是其他数量关系。

③测量误差是完全随机的，并服从均值为零的正态分布。测量误差不会因真分数的高低而呈现出有规律的，都为正数或都为负数的情况。测量误差不仅独立于所测特质的真分数，还独立于所测特质以外的其他任何变量。 >> TIPS ⑫

（3）平行测验

对于测验总体中的任意一个被试而言，若他在两个测验上的观察分数（X 和 X'）同时满足 CTT 的数学模型和三大假设，并且具有相等的真分数（$T=T'$）和相等的误差标准差（$\sigma_E^2 = \sigma_{E'}^2$），则这两个测验被称为严格平行的测验。

通俗地说，如果两个题目不同的测验测得的是同一特质，并且题目形式、数量、难度、区分度以及测验得分的分布都是一致的，则这两个测验被称作彼此平行的测验。

（4）根据经典测量理论模型和假设，可以推导出以下方差关系。

①在一次测量中，被试观察分数的方差（也称变异数）等于其真分数的方差与随机误差的方差之和。

$$S_X^2 = S_T^2 + S_E^2$$

②真分数的变异数可以分成两部分：与测量目的有关的变异数（S_V^2）和与测量目的无关的稳定变异数（S_I^2）。

$$S_T^2 = S_V^2 + S_I^2$$

于是可得到：

$$S_X^2 = S_V^2 + S_I^2 + S_E^2$$

TIPS ⑨

由于测量误差的随机性，因此误差的平均数是零，这样观察分数的均值就会接近真分数。

TIPS ⑩

理论上，真分数可以完全反映出一组人的不同水平，如果误差与真分数存在相关，那么它可以部分地反映出一组人的不同水平，就不能称之为误差了。

TIPS ⑪

误差是随机出现的，每次测量所产生的误差是独立的，每次测量之间没有必然的联系，也就不存在统计意义上的相关。

TIPS ⑫

需要注意的是，这里的"测量误差是完全随机的"是指测量误差中的随机误差，并不包含系统误差；下文中"与测量目的无关但稳定的变异数"是指系统误差。

③也就是说，在一次测验中，一个团体的观察分数之间的变异性是由与测量目的有关的变异数（S_V^2）、与测量目的无关的稳定的变异数（S_I^2）和随机误差的变异数（S_E^2）所决定的。

知识点 4 ｜ 对经典测量理论的评价 ★

1. 优点

①经典测量理论以真分数模型为理论框架，使用少量的定义，并依据弱假设形成。弱假设的"弱"并不意味着错误，是指不严格或不要求资料分布的形态，因此使用范围较广。

②自 20 世纪 30 年代以来，经典测验为测验工作者所接受。经典测验所采用的公式简单明了、计算简便、浅显易懂，适用于绝大多数的心理与教育测验。因此，在 20 世纪 50 年代以前，所有测验的编制都以经典测量理论为基础，甚至在现代测量理论出现以后，直到目前，它仍然不失为心理与教育测量领域中应用最广的测量理论。

2. 局限性

①经典测量理论的信度估计精度不高。根据真分数理论假设，测验观察分数 X 线性分解为测验真分数 T 和随机误差 E 两部分，并且进一步假设真分数是测验观察分数的期望，随机误差与真分数相互独立，从而导出测验信度为真分数方差与观察分数方差之比。然而，在定义中，除观察分数方差可得之外，真分数方差与误差方差都是无从求取的。为实际估计测验信度，经典测量理论提出平行测验概念，从而推演出若干实际使用的信度估计公式，但是，严格的平行测验是不存在的，由此造成实际估计的信度比较差。

②经典测量理论的误差指标笼统单一、不精细。经典测量理论导出测验测量标准误差为 $S_E = S_X \sqrt{1 - r_{xx'}}$，以此可估计真分数置信区间，此处 S_E 是所有被试测量误差的标准差，S_X 为观察分数的标准差，$r_{xx'}$ 为测验的信度。然而，不同的测量有不同的测量误差，且相同的测量对不同的被试也会有不同的测量误差。因此，寻求针对每个被试的更为精细的测验误差指标是测量理论研究急需解决的一个重要问题。

③经典测量理论各种参数的估计对样本的依赖性太大。经典测量理论所采用的各项指标，如信度、效度、项目难度、区分度等都严重依赖被试者样本，这些指标的估计都会因接受测验的对象不同而不同。 >> TIPS

④经典测量理论各参数指标之间的配套性较差。试题难度和被

TIPS

例如，同一个项目，施测于能力水平高的被试样本，将有较低的难度估计值；若被试样本的能力水平较低，则会有较高的难度估计值。因此，对心理特质不同的被试样本，即使采用同一份测验也很难获得一致的信度、难度、区分度等指标。

试水平这两个参数指标未能定义在同一个参照系上，未能应用同一种度量指标。虽然两个指标各自的意义都非常清晰，但测验实践迫切需要它们能够相互配套、高度统一起来。>> TIPS ⑭

⑤ 各种参数估计都只能在事后进行。依据经典测量理论编制测验，在测验实施以前，无法预测被试在整个测验和某一个具体项目上的表现。因此，研究者事前无法完全有效对测验的信度、效度、难度和区分度等参数进行计算和控制。一切统计上的计算、处理和讨论都要在测验实施之后才能进行，这就在某种程度上使得测验的编制多少带有一定的盲目性。

> **本节小结**
>
> 经典测量理论以随机抽样理论为基础，解释受试者在心理测验中的实得分数（观察分数）与真分数之间的关系，随机抽样理论主张由样本推论到总体，即由多次测验所得结果的平均值推论出不受具体条件影响的真分数；或者依据一组受试者的实得分数，向具有相同属性的对象总体进行推论，这种推论的结果必然带来一定的误差，于是如何估计和减小误差，便成为经典测量理论研究的中心课题。

在经典测量理论中，被试能力量表时测验的卷面总分，其参照系是全部项目；项目难度量表是被试群体的得分率，其参照系是被试群体；两个量表的参照系完全不同，很难找到验证某个项目是否恰好匹配某种能力水平被试的计量方法，这就使得在测验选题时带有一定的盲目性，对测验编制活动的指导价值有限。

第二节 测量的信度

知识点 1 信度的含义 ★

1. 信度的理论定义

信度是指 测量结果的稳定性程度。换句话说，若能用 同一测量工具反复测量某人的 同一种心理特质，则 多次测量的测量结果间的 一致性程度 就叫作信度，有时也叫作测量的可靠性。 >> TIPS ①

2. 信度的操作定义

三种等价的信度定义如下。

①定义 1：信度是一个被测团体 真分数的变异数与观察分数的变异数之比，即 >> TIPS ②

$$r_{xx} = \frac{S_T^2}{S_X^2}$$

式中，r_{xx} 代表测量的信度；S_T^2 代表真分数的变异数；S_X^2 代表总变异数，即观察分数的变异数。

②定义 2：信度是一个被试团体的 真分数与观察分数的相关系数的平方，即

$$r_{xx} = \rho_{XT}^2$$

例如，标准的钢尺是测量长度的一种好的工具，只要操作方法得当，无论何时，也无论何人去测量同一张桌子的高度，其结果是基本一致的。

根据经典测量理论：观察分数＝真分数＋误差，要检验测验结果可靠与否，就是要判断受试者的观察分数有多大成分是由真分数的变异引起的，若此比例偏低，则表明真分数对测量结果的作用不大，观察分数变异中的大部分变异是由误差变异所引起的，测验结果并未很好地反映出受试者的真实水平，即信度较低，因此，确定测验信度的关键在于确定误差变异。上述公式又可以推导为 $r_{xx} = \frac{S_T^2}{S_X^2} = \frac{S_X^2 - S_E^2}{S_X^2} = 1 - \frac{S_E^2}{S_X^2}$。

③定义3：信度是一个测验 x（A卷）与它的任意一个"平行测验" x'（B卷）的相关系数，即 >> TIPS ③

$$r_{xx} = \rho_{xx'}$$

3. 信度系数与信度指数

（1）信度系数/信度

信度系数是指用以表示某测验信度高低的数值，通常用测得的两组分数的相关系数来表示，其数值越大，表示测验的信度越高。

信度系数就是真实变异所占的比例，用来描述测验观察分数与真分数之间的相关程度。

（2）信度指数

信度指数是用一统计数作为估计值，以估计测验的观察分数与理论上的真分数之间的相关程度，该统计数即信度指数。

$$r_{XT} = \frac{S_T}{S_X} = \sqrt{r_{xx}}$$

（3）两者的关系

信度指数实际上是信度系数的算术平方根。信度指数是一种相关系数，取值范围是 –1.00~+1.00；信度系数是信度指数的平方，故信度系数的取值范围为 0.00~1.00。

知识点 2 信度的作用 ★★★

1. 信度是测量过程中所存在的随机误差大小的反映，与系统误差无关

如果信度很低，测量的随机误差就很大，测量的结果就会与真分数产生较大偏差。而且这种偏差完全是随机的，这就让人无法相信测量的结果。测量中的系统误差与信度无关，系统误差只对测量结果产生恒定的影响，而不会使测量结果上下波动。

2. 信度可以用来解释个人测验分数的意义 >> TIPS ④

①用对一个团体（人数足够多）两次施测的结果来代替对同一个人反复施测，以估计测量误差的变异数。

此时，每个人两次测量的分数之差可以构成一个新的分布，这个分布的标准差就是测量的标准误，它是此次测量中误差大小的客观指标。一个测量的标准误可用下式计算：

$$S_E = S_X\sqrt{1-r_{xx}}$$

式中，S_E 为测量的标准误；S_X 为观察分数的标准差；r_{xx} 是测量的信度。

②当测验满足经典测验理论的三大假设时，根据以上估计的测量标准误，便可以用以下方式构建测验真分数估计的置信区间：

TIPS ③

真分数是我们不知道的值，是测量的测查对象，因此定义1和定义2仍只具有理论意义，只有定义3才具有实际意义。

TIPS ④

例如，对一个均值为100分、标准差为15分的智力测验而言，若其量表总分的测量信度系数为0.96，则其测量的标准误为3分，即 $S_E = S_X\sqrt{1-r_{xx'}} = 15\sqrt{1-0.96} = 3$。于是，对一个实测智商（观察分数）为106的被试来说，若取0.05为显著性水平（此时标准正态分布下的临界值为1.96），则其真正的智力水平（真分数）处于置信区间 100.12~111.88，即 $106-1.96\times3 \leq T \leq 106+1.96\times3$，并且做这个判定所犯错误的概率要小于0.05。通俗来说，对一个实测智商为106的人，大约有95%的把握说其真正的智商介于100~112。

$$X - Z_C S_E \leq T \leq X + Z_C S_E$$

式中，X 是被试（考生）的观察分数；S_E 为测量标准误；Z_C 是对应某个统计检验显著性水平的标准正态分布下的临界值。

3. 信度有利于不同测验分数的比较

通常，<u>来自不同测验的原始分数是不能直接进行比较的</u>，必须转化成标准分数再进行比较。具体办法是采用"差异的标准误"来进行差异的显著性检验，其公式为：

$$S_{Ed} = S\sqrt{2 - r_{xx} - r_{yy}}$$

式中，S 为相同尺度（如 T 分数的 $S=10$）的标准分数的标准差，r_{xx} 和 r_{yy} 分别是两个测验的信度系数。

知识点 3 信度系数的估计 ★★★

因应测量的情形不同，可以采用不同的方法对信度系数进行估计。估计信度的方法主要有重测信度、复本信度、分半信度、同质性信度和评分者信度。　　　　　　　　　　　　　　　» TIPS ⑤

例如，由于任何一种与测验目的无关的条件都可能出现而引起误差变异，所以有多少个影响测验分数的条件，就有多少种测验信度。我们需要根据具体情况使用不同的信度指标。信度的类型虽然很多，但共同点是关注两组独立导出分数之间的一致性程度，所以它们都能够用相关系数来表示。

1. 重测信度

（1）含义

重测信度是指用<u>同一个量表</u>对<u>同一组被试施测两次</u>所得结果的一致性程度。

（2）计算方法

重测信度的大小等于同一组被试在两次测验上所得分数的<u>皮尔逊积差相关系数</u>，计算公式为：

$$r_{xx} = \frac{\sum(X - \bar{X})(Y - \bar{Y})}{\sqrt{\sum(X - \bar{X})^2 \cdot \sum(Y - \bar{Y})^2}}$$

式中，X 和 $\bar{X}$ 是第一次测量的观察分数及观察分数的平均值，Y 和 $\bar{Y}$ 是第二次测量的观察分数及观察分数的平均值，r_{xx} 是重测信度。

重测信度值越大，说明前后两次测量的结果越一致，被试的心理特质受被试状态和环境变化的影响越小，该测验<u>跨时间的稳定性越好</u>。

（3）使用条件

①所测量的<u>心理特质必须是稳定的</u>。　　　　　　　　» TIPS ⑥

例如，成人的性格特点一般是稳定的，所以许多人格测验常使用重测信度。但是，儿童仍处于发展中，只要两次施测的间隔时间稍长，就会有很大变化。因此，重测信度不能用于这种情况，因为测量结果的不一致很可能是由被试水平的变化所引起的，而不能说明测量工具是否稳定。

②<u>遗忘和练习的效果基本上相互抵消</u>。（智力测验的间隔时间为6个月左右。）

③在两次施测的间隔期内，被试在所要测查的心理特质方面<u>没有获得更多的学习和训练</u>。

（4）误差来源　　　　　　　　　　　　　　　　　　» TIPS ⑦

这些误差来源都是由于在不同的时间测验，也就是时间取样所带来的误差。

测验所测的特性本身的<u>稳定性程度</u>；成熟、知识的积累、练习和记忆效果这些变量都具有个体差异；此外，还有偶发因素带来的误差。

（5）评价

①重测信度一般用于反映随机因素导致的变化，不反应行为的长久变化。

②重测信度要特别注意时间间隔，同一个量表随着第二次测量的时间不同，可以有不同的重测信度。

③重测信度适用于速度测验或人格测验，不适用于难度测验。

④重测时应注意提高被试的积极性。

2. 复本信度

（1）含义

复本信度是指两个平行测验测量同一批被试所得结果的一致性程度。

（2）分类

由于两个复本测验实施的时间不同，因此复本信度所表达的含义也略有不同。

①等值性系数：如果两个复本测验是同时连续施测的，则称为等值性系数。这个系数反映两个复本测验的题目差别所带来的变异情况。

②稳定性与等值性系数：如果两个复本测验是相距一段时间分两次施测的，则称为稳定性与等值性系数（重测复本信度）。题目的差别、施测时的时间差别都会导致稳定性与等值性系数不同。它是对信度最严格的检验，其值最低。

在实际工作中，为抵消施测的顺序效应，一般可以采用平衡设计来施测，即随机地选出一半被试先做 A 卷后再做 B 卷，另一半被试先做 B 卷后再做 A 卷。

（3）计算方法

复本信度的大小等于同一批被试在两个复本测验上所得分数的皮尔逊积差相关系数。即

$$r_{xx} = \frac{\sum(X-\bar{X})(Y-\bar{Y})}{\sqrt{\sum(X-\bar{X})^2 \cdot \sum(Y-\bar{Y})^2}}$$

式中，X 和 $\bar{X}$ 是第一次测量的观察分数及观察分数的平均值，Y 和 $\bar{Y}$ 是第二次测量的观察分数及观察分数的平均值，r_{xx} 是重测信度。

（4）使用条件　　　　　　　　　　　　　　» TIPS ⑧

①要构造出两份或两份以上真正平行的测验（A、B 卷）。

②被试要有条件接受两个测验，这种条件主要取决于时间、经费等方面。

TIPS ⑧

复本测验是用不同的题目测量同样的内容，其测量结果的平均值和标准差都相同的两个测验。显然，严格的平行测验是很难构造出来的。再者，单纯为得到复本信度而花费大量人力、财力去编制复本并进行两次施测过于浪费。

（5）误差来源

非平行测验的两个复本之间的差异；被试的情绪波动、动机变化等；测验情境的变化、偶发因素的干扰等。

（6）评价

①优点：避免记忆效果和学习效应。

②缺点：如果所考虑的行为机能受到练习的影响很大，那么使用复本只能减少但不能消除这种影响；测验的性质会由于重复而有所改变，比如迁移的影响；编制真正的等值测验实际困难重重，因此许多测验没有复本。

3. 分半信度

（1）含义

分半信度是指将**一个测验分成对等的两半**后，所有被试在这两半上所得分数的一致性程度。由于分半信度描述的是两半题目间的一致性，因此它有时也被称作**内部一致性系数**。

（2）计算方法

分半信度的计算方法和等值复本信度的计算方法类似，但需要注意的是，被试在两个分半测验上分数的相关**只是半个测验的信度**，还必须使用公式加以矫正。

①在两半测验分数的变异数（S_a^2 和 S_b^2）**相等**时，使用**斯皮尔曼–布朗公式**。

$$r_{xx} = \frac{2r_{hh}}{1+r_{hh}}$$

式中，r_{hh} 为两半测验分数间的相关系数；r_{xx} 为整个测验的信度值。

②在两半测验分数的变异数（S_a^2 和 S_b^2）**不相等**时，可以使用**弗朗那根公式**。

$$r_{xx} = 2\left(1 - \frac{S_a^2 + S_b^2}{S_x^2}\right)$$

式中，S_a^2 和 S_b^2 分别是两个分半测验的方差；S_x^2 表示整个测验的总分方差。

③也可以使用卢仑公式。

$$r_{xx} = 1 - S_d^2 / S_x^2$$

式中，S_d^2 表示两个分半测验分数之差的方差。

（3）使用条件

①分半信用通常在**只能施测一次**或**没有复本**的情况下使用。

②当一个测验**无法分成对等的两半**时，不宜使用分半信度。

③由于将一个测验分成两半的方法有很多（如按题号的奇偶性

分半、按题目的难度分半、按题目的内容分半等），因此同一个测验通常会有多个分半信度值。 >> TIPS ⑨

（4）评价

①优点：时间因素并不影响分半信度，所以这种方法所得的信度往往较高。

②缺点：误差的主要来源是题目本身（内容取样），因此信度低是由于两半测验之间题目内容取样的不同造成的；分半信度的分半形式有时难以确定。

③适用：分半法并不适用于速度测验，速度测验是由简单的题目组成的，只要有足够的时间，所有人都能做对所有题目。分半信度只适用于难度测验，当速度因素以不同程度影响分数时，分半信度将会造成虚假的高信度。 >> TIPS ⑩

4. 同质性信度

（1）含义

同质性信度也称内部一致性系数，是指测验内部所有题目间的一致性程度。

题目间的一致性含有两层意思：所有题目测的都是同一种心理特质，所有题目的得分之间都具有较高的正相关。 >> TIPS ⑪

测量单一特性是同质性高的必要条件，而非充分条件。

（2）计算方法

① K-R20 公式：仅适用于（0、1）记分的测验。

$$r_{xx} = \frac{K}{K-1}\left(1 - \frac{\sum p_i q_i}{S_x^2}\right)$$

式中，K 是题目数；p_i 为答对第 i 题的人数的比例；q_i 为答错第 i 题的人数的比例；S_x^2 为整个测验的总分方差。

② K-R21 公式：只有当所有题目的难度接近时才适用。

$$r_{xx} = \frac{K}{K-1}\left(1 - \frac{K\overline{p}\overline{q}}{S_x^2}\right)$$

式中，各指标含义与 K-R20 公式相同，只是 $\overline{p}$ 与 $\overline{q}$ 分别表示题目的平均通过率和平均失败率。

③克隆巴赫 α 系数：可以处理任何测验的内部一致性系数的计算问题。

α 值是所有可能的分半信度的平均值，它只是信度测量下界的估计值。即当 α 值大时，测量信度必高；但当 α 值小时，不能断定测量信度不高。

TIPS ⑨

在分半信度中，有牵连的题目要放在同一半，否则会高估信度；如果测验有多个分量表，应在分量表内部排好顺序，再把各分量表的两半组合起来求相关。

TIPS ⑩

例如，对于一个由100道题组成的速度测验，某同学做对了50道题，其中一半是奇数题，一半是偶数题。在这种速度测验中，奇偶数题的相关很高，但这只是一种假象。因为所有做过的题基本上都能够做对，所以个体的奇偶数题的得分是相等的。

TIPS ⑪

当一个测验具有较高的同质性信度时，说明测验主要测的是某一心理特质，实测结果就是该特质水平的反映；如果一个测验同质性信度不高，则说明测验结果可能是几种心理特质的综合反映。

$$\alpha = \frac{K}{K-1}\left(1 - \frac{\sum S_i^2}{S_x^2}\right)$$

式中，S_i^2 表示所有被试在第 i 题上的分数变异数，其余指标的含义与 K-R20 公式相同。

>> TIPS ⑫

④**荷伊特信度**：荷伊特提出用方差分量比描写测验内部一致性的方法，测验分数的总变异可分解为被试间变异 $SS_人$、项目间变异 $SS_题$ 和人与试题交互作用 $SS_{人×题}$ 三部分。

用被试间变异的均方（$MS_人$）作为被试方差估计值，用人与题目交互作用变异的均方（$MS_{人×题}$）作为误差方差估计值。

$$r_{xx} = 1 - \frac{MS_{人×题}}{MS_人}$$

（3）误差来源

同质性信度误差主要来源于**内容取样和所研究行为的异质性**。

（4）评价

①优点：内部一致性估计是获得信度的有用方法，因为它**只施测一次**，因此可以排除记忆和练习的效果。

②缺点：只可在测量**单一概念**的测验上使用，不适合异质性测验；**不太适合速度测验**，容易高估速度测验的信度。

5. 评分者信度

（1）含义

评分者信度是指**多个评分者**给**同一批人**的答卷进行评分的一致性程度。

（2）计算方法

①当评分者人数为 2 人时，评分者信度等于**两个评分者**对**同一批被试的答卷**所给分数的相关系数（**积差相关或等级相关**）。

②当评分者人数多于 2 人时，可用**肯德尔和谐系数**进行估计，即

$$W = \frac{12\left[\sum R_i^2 - \frac{(\sum R_i)^2}{N}\right]}{K^2(N^3 - N)}$$

式中，K 是评分者人数；N 是被评的对象数（通常是考生数，每个考生一份试卷）；R_i 第 i 个被评对象（考卷）被评的水平等级之和。

③当评分者（K）为 3~20 人，被评对象（N）为 3~7 个时，信度可直接查 W 表检验。当实际计算的 W 值大于表中的相应值时，说明评分所得信度较高。

④当被评对象多于 7 个时，可计算 χ^2 值，做 χ^2 检验，计算方法为：

TIPS ⑫

从分半相关开始，到克隆巴赫 α 系数和库德－理查逊公式，这类信度系数都在考察题目之间的相关性，如果它们之间的相关一致性强，说明测验集中力量测量同一个心理结构，这样，测验的信度系数值就会高，测验质量就好，因此，它们又都被称为内部一致性系数。

$$\chi^2 = K(N-1)W \quad (\text{df}=N-1,\ \text{df 为自由度})$$

⑤若评分中有相同等级出现，则要使用以下公式求 W 值：

$$W = \frac{12\left[\sum R_i^2 - \dfrac{(\sum R_i)^2}{N}\right]}{K^2(N^3-N) - \dfrac{K\sum(n^3-n)}{12}}$$

（3）使用条件

在心理测量中，客观题的评分很少出现误差（如机器阅卷），但主观题的评分会因评分者的不同而出现误差，评分者之间的变异也属于误差的来源之一，这就需要对评分者信度进行度量。

（4）评价

①优点：适用于主观评分的测验，可以考察评分者评定的一致性。

②缺点：使用肯德尔和谐系数计算评分者信度可能存在信息损失。

6. 信度估计方法小结

①各种信度方法与测验复本的数目、施测次数的关系如表 2-1 所示。

表 2-1　各种信度方法与测验复本的数目、施测次数的关系

所需的施测次数	所需复本的数目	
	一	二
一	分半信度 同质性信度 评分者信度	复本信度 （连续施测）
二	重测信度	复本信度 （间隔施测）

②各种信度方法相应的误差变异的来源如表 2-2 所示。

表 2-2　各种信度方法相应的误差变异的来源

信度系数的类型	误差变异的来源
重测信度	时间取样
复本信度（连续施测）	内容取样
复本信度（间隔施测）	时间与内容取样
分半信度	内容取样
同质性信度	内容的异质性
评分者信度	评分者之间的差异

知识点 4　影响信度的因素与提高信度的方法 ★★★

1. 信度的影响因素

（1）被试方面

①个体维度：身心健康状况、应试动机、注意力、耐心、求胜心、作答态度等，这些因素会影响心理特质水平的稳定性。

②团体维度：团体内部水平的离散程度以及团体的平均水平。同质性越高（个体差异越小），所得相关系数（信度）就越低；异质性越高（个体差异越大），所得相关系数（信度）就越高。团体的平均水平太高或太低，会低估测量的真正信度。

（2）主试方面

①就施测者而言，若他不按指导手册中的规定施测，或故意制造紧张气氛，给考生一定的暗示、协助等，则测量信度会大大降低。

②就阅卷评分者而言，若评分标准掌握不一，或前紧后松，甚至是随心所欲，则会降低测量信度。

（3）施测情境方面

考场的环境（光线、通风、是否安静）、施测设备的质量和稳定性等都会对测验信度产生影响。

（4）测量工具方面

①测验长度。测验越长，信度越高。不过在实际工作中，由于时间、经济等条件的限制，只有适量增加与原测验同质的题目，才能有效提高信度。

②测验难度。测验过难或过易都会使个体间得分差异减小，降低信度。只有当测验的难度水平可以使测验分数的分布范围最大时，测验的信度才会最高，通常这个难度水平为 0.5~0.6。

③测验内容：试题取样不当，考查的方面不全面，内部一致性低，题意模糊，信度则低。当一份测验中的同质性的题目数量增多之后，同一心理特质被测量的次数就会增多，被试的成绩就能被有效地拉开，整个团体的测验分数分布就会更广，从而提高测验的信度。

（5）两次施测的间隔时间

两次施测的间隔时间主要影响重测信度与等值性系数（复本信度之一），间隔时间越长，影响因素越多，信度越小。

2. 提高信度的方法

（1）被试方面

选取恰当的被试团体，要根据测验的使用目的来选择被试，清楚常模的特征（年龄、爱好、性别、职业等），尽量保证其与测试对象的一致性。

（2）主试方面

要严格执行施测规程，评分者要严格按标准给分。

（3）施测情境方面

施测场地要按测验手册的要求进行布置，减少无关因素的干扰。

（4）测量工具方面

①适当增加测验的长度。注意新增题目要与原题目同质，不宜过长。根据斯皮尔曼－布朗预测公式，计算所需的试题长度：

$$p_{22'} = \frac{kp_{xx'}}{1+(k-1)p_{xx'}}$$

式中，k为改变后的测验长度与原测验长度之比；$p_{xx'}$为原测验的信度值；$p_{22'}$为测验长度增加为k倍后的测验长度。　　>> TIPS

②使测验中所有试题的难度接近正态分布，并控制在中等水平。此时，被试团体得分分布也会接近正态分布，并可增加标准差，以相关为基础的信度值也必然会增大。

③提高测验试题的区分度。区分度是测验题目的质量指标。

（5）两次施测的间隔时间

选择适当的间隔时间，避免过长或者过短。　　>> TIPS

本节小结

本节介绍了经典测量理论的信度的基本内容。首先介绍了信度的理论定义、操作定义以及信度的作用等，然后介绍了各种信度及其计算方法等，最后介绍了影响信度的因素以及如何提高信度。

第三节　测量的效度

知识点 1　效度的含义 ★

1. 效度的理论定义

效度是指一个测验或量表实际能测出其所要测的心理特质的程度。

>> TIPS

关于效度的概念，要特别注意以下三点。

（1）效度是一个相对的概念

①每个测量工具都有自己的目的，测验都是为了特定的目的而设计的，效度是相对于一定的测量目的而言的。

②内隐特质是通过外显行为间接测得的，因此，心理测量的效度只有程度上的差别，不可能百分之百准确，也不可能为零。

（2）效度是测量的随机误差和系统误差的综合反映

从效度的定义来看，不论是随机误差还是系统误差都会影响效

**TIPS **

（1）例如，一个测验有30道试题，其信度为0.80，当增加到70道试题时，其信度为

$$p_{22'} = \frac{2.33 \times 0.80}{1+(2.33-1) \times 0.80} = 0.903$$

（2）可以将该公式与之前的分半信度的公式进行比较。在计算分半信度时，测验长度只是原来的一半，信度就会降低。总而言之，在其他条件不变的情况下，测验越长，信度越高。

TIPS ⑭

上述方法在一定程度上是常用和普遍的提高信度的方法，不同的信度还有特定的方法可以参考。信度多少才可靠，不同类型的测验有不同的标准：标准化能力或学绩测验的信度应在0.90以上，人格测验的信度应在0.80以上，教师自编学绩测验的信度应在0.60以上。

**TIPS **

例如，我们想要测量某班学生的数学解题能力，而采用一份英文的数学试卷，根据这个测验结果评定出来的学生数学能力是不准确的，因此该测验缺乏效度。

度。这也正是信度和效度的区别所在。

（3）判断一个测量是否有效要从多方面搜集证据

测量的效度就是实际测量的结果与所要测量的心理特质的一致性程度，显而易见，心理特性的数值是未知的，这就给效度的估计带来了麻烦。要想判断一个测量是否有效，就需要从逻辑分析、实践效果等方面寻求支持和证据。
>> TIPS ②

2. 效度的操作定义

在测量理论中，效度被定义为：在一列测量中，<u>与测量目的有关的真实变异数</u>（由所要测量的变因引起的有效变异数）与<u>总变异数</u>（实得变异数）的比率，通常用 r_{xy}^2 表示。

一个测验的效度表明，在一组测验分数中，有多大比例的变异是由测验所要测量的变因引起的，即
>> TIPS ③

$$r_{xy}^2 = \frac{S_V^2}{S_X^2}$$

式中，r_{xy} 代表效度系数；S_V^2 代表有效变异数；S_X^2 代表总变异数。

知识点 2　效度的估计 ★★★

人们对测验目的的解释角度决定了效度评估的方法。效度评估的方法主要有三种：一是用测量的内容来说明目的，为内容效度；二是用心理学上某种理论结构来说明目的，为结构效度；三是用工作实效来说明目的，为实证效度（效标关联效度）。

1. 内容效度

（1）含义

内容效度是指一个测验<u>实际测到的内容</u>与<u>所要测量的内容</u>之间的吻合程度，即测验在多大程度上代表了所测量的行为领域，它通常包括<u>欲测的知识范围</u>和<u>该范围内各知识点所要求掌握的程度</u>两个方面。

估计一个测验的内容效度就是去确定该测验在多大程度上代表了所要测量的行为。因此，要确定一个测验的内容效度必须具备两个条件：第一，要有定义完好的内容范围；第二，测验题目应是所界定的内容范围的代表性取样。题目取样的代表性问题是内容效度的主要考察方面。
>> TIPS ④

（2）确定方法

①<u>专家评定法（逻辑分析法）</u>：请有关领域的专家根据自己的知识经验对测验题目与原定内容范围的吻合程度做出判断。其具体步骤如下。

a. 确定测验内容的总体范围，包括知识范围和能力要求两个方

TIPS ②

效度实际上是一个相对的概念。在通常情况下，量表的效度只有程度上的差别，而不是"全"或"无"的差别。在对效度进行评价时，我们不能说某个测验结果"有效"或"无效"，而要在考虑其用途的基础上，用"高效度"、"中等效度"或"低效度"来对它进行评价。有时评估者会说某测验是一个有效的测验，这种说法的真正含义：这个测验在特定的人群、特定的时间和特定的使用条件下是有效的。没有什么测验或测量手段在任何时间、任何用途和任何被试的情况下都有广泛的效度。如果文化背景和时代改变了，测验的效度可能会降低。因此，一个测验的效度必须被一次又一次地验证，我们需要不断收集、积累、整合效度资料。

TIPS ③

例如，假如我们使用某一从国外引进的抑郁量表（未经修订）测量我国民众的心理抑郁程度，那么每个人所得分数的不同主要由三方面构成：被试本身抑郁心境的不同造成的分数的差异（真实欲测的变异）；量表本身的原因，如跨文化性造成的国内民众与国外民众在分数上的差异（系统误差）；由于施测当天天气等外在原因（随机误差）造成一部分被试与另一部分被试在得分上的差异。这个量表的效度主要取决于由被试本身抑郁程度不同而造成的分数差异在所有变异中所占的比例。

面。这种范围的确定必须具体、详细,并要根据一定目的规定好各纲目的比例。

b.确定每个题目所要测的内容,并与测验编制者所列的双向细目表(考试蓝图)对照,逐题比较自己的分类与制卷者的分类,并做好记录。

c.制定评定量表,从测验内容所测的技能、题目对所定义的范围的覆盖率、各种题目数量和分数的比例以及题目形式的适当性等方面,对测验做出总的评价。

②统计分析方法

克隆巴赫还提出一种量化的方法,即用两个测验复本来测同一批被试。若相关高,则内容效度可能高;若相关低,则说明必有一个测验缺乏内容效度。

③再测法

估计内容效度还有一种经验的方法——再测法。过程是在被试学习之前进行一次测试,学习之后再次测试;如果后测成绩显著优于前测,则说明所测内容正是被试新近所学内容,进而证明该测验对这部分内容而言具有较高的内容效度。　　　　» TIPS ⑤

(3)适用范围

①内容效度主要应用于成就测验,因为成就测验主要是测量被试掌握某种技能或学习某门课程所达到的程度。内容效度高,则可以把被试在该测验上的分数推论到相应的知识总体上去,说明被试在某个方面处在一个什么样的位置;内容效度低,则这种推论将是无效的。

②内容效度也适用于某些用于选拔和分类的职业测验。这种测验所要测的内容就是实际工作所需的知识和技能,编制这种测验应首先对实际工作进行较细致的分析,否则,题目取样的代表性就难以令人满意。　　　　　　　　　　　　　　　　　　» TIPS ⑥

③内容效度不适用于能力倾向测验和人格测验。因为能力倾向测验和人格测验要测量的往往是较抽象的特质,其范围难以明确界定。没有明确的内容范围,就无法考证测验项目是否具有代表性。

2. 结构效度

(1)含义

结构效度又称构想效度,是指一个测验实际测到所要测量的理论结构和特质的程度,或者说测验分数能够说明心理学理论的某种结构或特质的程度。　　　　　　　　　　　　　　　　» TIPS ⑦

结构/构想是指用来解释人类行为的理论框架或心理特质,是心理学中抽象的、假设性的概念、特性或变量。　　　　» TIPS ⑧

要确定结构效度,对心理特质所下的定义应是操作定义,据此

TIPS ④

例如,在判断一份中学物理试卷是否有较高的内容效度时,首先,我们必须分析考题是否有效地覆盖了中学物理所包括的力学、电学、光学、热学和原子物理。内容效度高的物理测验应当是由这五个方面最有代表性的试题样本组成的。其次,我们还必须分析题目的难度等指标是否较好地反映了考试大纲对这五个方面能力水平的要求等。

TIPS ⑤

评定内容效度时,亦可采用经验的方法,检查不同年级的学生在测验上的得分及每题得分变化的情况。一般来说,如果学生的分数和题目通过率随年级的提升而增高,就可推断说测验基本上测量了学校的教学内容和目标,表明测验具有内容效度。

TIPS ⑥

需要注意的是,在使用内容效度时,要避免将其与表面效度混淆。当有人认为某个测验能够有效测得某种心理特质时,我们可以说该测验有较高的表面效度。一般来说,学业成绩和智力测验等测量最佳行为的测验要求有较高的表面效度,以加强受试者的成就动机,从而尽最大努力去完成;对人格测验这种测量典型行为的测验而言,表面效度太高,受试者能轻易看出测验的目的,反而会产生掩饰真实想法、回答作假等反应偏差,同样影响对结果的分析,因此,要求其表面效度越低越好,以降低测量误差。

采用编制的测验进行测量。

（2）特点

①结构效度的大小首先取决于事先假定的心理特质理论。一旦人们对同一种心理特质有着不同的定义或假设，就会使得关于该特质测验的结构效度的研究结果无法比较。 >> TIPS ⑨

②当实际测量的资料无法证实某项的理论假设时，并不一定表明该测验结构效度不高，因为还有可能出现理论假设不成立或该实验设计不能对该假设进行适当检验等情况。这就使得结构效度的获取更为困难。

③结构效度是通过测量什么、不测量什么的证据累积起来加以确定的，因而不可能有单一的数量指标对其进行描述。与内容效度不同，结构效度主要用于智力测验和人格测验等一些心理测验。

（3）结构效度的确定步骤 >> TIPS ⑩

①对所研究的结构或特质进行界定，提出理论框架，并把这一假设分解成一些细小的纲目。

②依据理论框架提出各种可能的有关假设。

③用逻辑或实证的方法验证假设。

（4）确定方法

①测验内部寻找证据法

a. 可以考查该测验的内容效度：因为有些测验对所测内容或行为范围的定义与解释类似于理论构想的解释，所以内容效度高实际上也说明结构效度高。

b. 可以分析被试的答题过程：若有证据表明其对某一题目的作答除了反映所要测量的特质以外，还反映其他因素的影响，则说明该题没有较好地体现理论构想，其存在会降低结构效度。

c. 可以通过计算测验的同质性信度的方法来检测结构效度：若有证据表明该测验不同质，则可以断定该测验结构效度不高。当然，测验同质只是结构效度高的必要条件。

②测验之间寻找证据法

a. 相容效度法：可以考查新编测验与某个已知的能有效测量相同特质的旧测验之间的相关性。若两者相关性较高，则说明新测验有较高的效度。

b. 区分效度法：可以考查新编测验与某个已知的能有效测量不同特质的旧测验之间的相关性。若两者相关性较高，则说明新测验效度不高，因为它也测到了其他心理特质。值得说明的是，两个测验之间的相关性不高只是新测验效度较高的必要条件，并不是充分条件。

c. 因素分析的方法：其原理是通过对一组测验进行因素分析，

例如，编制智力测验，就要先对什么是智力有一个理论构想，假定提出下列四项构想：智力是随年龄增长的、智力与学习成绩成长相关、智商是相对稳定的、智力受遗传的影响，据此编制一套智力测验，如果测验分数确实会随年龄的增长而增加，测验结果与学习成绩成长相关，智商在一定年龄阶段内相对稳定，孪生子之间的分数相关高于一般儿童之间的相关，那么，可以认为，测验结果验证了理论的构想，就说明所编制的智力测验具有一定的构想效度。

例如，假设有一个人在各种场合都不撒谎，我们就可以用"诚实"这一构想来描述此人。

例如，同样是智力测验，由于当今理论界对智力持有不同的定义，因此有些智力测验的结构效度的研究结果是不宜进行比较的。

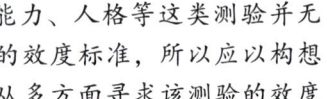

能力、人格等这类测验并无单一的效度标准，所以应以构想效度从多方面寻求该测验的效度证据。

找出影响测验的共同因素。每个测验在共同因素上的负荷量（测验与各因素的相关）就是测验的因素效度，测验分数总变异中来自有关因素的比例就是该测验结构效度的指标。

③考查测验的实证效度法

如果一个测验有实证效度，则可以将该测验所预测的效标的性质与种类作为该测验的结构效度指标，至少可以从效标（校度标准）的性质与种类来推论测量的结构效度。这里有以下两种做法。

a. 根据效标把人分成两类，考查其得分的差异。　　>> TIPS ⑪

b. 根据测验得分把人分成高分组和低分组，考查这两组人在所测特质方面是否确有差异。若两组人在所测特质方面差异显著，则说明该测验有效，具有较高的结构效度。此外，对一些被认为是较稳定的特质，若在短期内两次施测的结果差异不太大，则说明该测验符合理论构想。

④多种特质 - 多种方法矩阵法

该方法是由坎贝尔和菲斯克于1959年首先提出来的，是相容效度和区分效度方法的一种综合运用。其原理如下。

①若用多种极不相同的方法测量同一种特质所得的相关系数很高，则说明该测量的相容效度较高。

②若用多种极为相似的方法测量不同特质所得的相关系数很低，则说明该测验的区分效度较高。

③若用多种极为相似的方法测量极为相似的（或同一种）特质所得的相关系数很高，则说明该测验的信度较高。　　>> TIPS ⑫

TIPS ⑪

例如，一组公认为性格外向的人在测验中得分较高，另一组公认为性格内向的人在测验中得分较低，则说明该测验能区分人的内向与外向特征，进而说明该测验在测量人的性格内外向方面有较高的结构效度。

TIPS ⑫

例如，假设有A、B、C三种特质都接受了1、2、3、4四种方法的测查，则可以分别计算出用任意两种方法测量同一特质和不同特质的相关系数，以及任意两种特质用同一种方法和不同方法测量的相关系数，然后以这些相关系数为元素，构造出一个如图2-1所示的矩阵。

位于主对角线上的数值是用同样的方法测量相同特质所得的相关性，是信度指标；实线三角形内的数值是用同样的方法测量不同特质所得的相关性，此相关性若高，则说明方法间的共同点较多；虚线三角形内的数值是用不同方法测量不同特质所得的相关，它一般较低，是特质与方法间交互影响的反映；虚线三角形之间的两条对角线上的数值是用不同方法测量相同特质的相关性，它是测验效度的指标。

特质	方法1 A₁ B₁ C₁	方法2 A₂ B₂ C₂	方法3 A₃ B₃ C₃	方法4 A₄ B₄ C₄
方 A₁ 法 B₁ 1 C₁	.90 .50　.89 .35　.41　.81			
方 A₂ 法 B₂ 2 C₂	.58　.25　.10 .21　.59　.09 .14　.13　.50	.95 .63　.91 .57　.53　.85		
方 A₃ 法 B₃ 3 C₃	.55　.20　.13 .11　.60　.19 .15　.20　.70	.69　.32　.30 .20　.68　.29 .21　.19　.67	.93 .50　.96 .53　.51　.92	
方 A₄ 法 B₄ 4 C₄	.58　.21　.11 .18　.61　.09 .20　.15　.70	.66　.11　.19 .30　.68　.18 .22　.18　.70	.70　.13　.14 .22　.68　.20 .23　.19　.71	.89 .51　.90 .52　.50　.91

图2-1　多种特质 - 多种方法矩阵示例

⑤因素分析法

可以采用**探索性因素分析（EFA）和验证性因素分析（CFA）**两种方法研究测验的结构效度。通过对一组测验进行因素分析，找出影响测验的共同因素，每个测验在共同因素上的负荷量就是测验的因素效度，测验分数总变异中来自有关因素的比例就是该测验结构效度的指标。

⑥发展变化

a. 年龄产生的发展变化：在一些传统的智力测验中，效度分析的一种主要效标是年龄差异。因为一般认为各种能力在儿童期随年龄的增长而增长，所以如果测验有效，测验分数也应该随年龄的增长而增加。但应当注意的是，年龄差异效标不适合那些没有表现出明确的、与年龄变化一致的机能，如人格等。

b. 教育和训练效应：有效的教育和训练会提高被试的某种特质水平，这种变化也应在测验分数中体现出来，表现为后测分数比前测分数有显著提高。

⑦结构方程建模

结构方程建模是一种验证性的统计技术，可帮助研究检验已建立的理论假设，分析多个变量间复杂的因果关系。结构方程模型由验证性因素分析模型和因果结构模型两部分组成，可进行观测变量和潜变量的因果关系检验，以及验证性因素分析等统计分析。

⑧认知心理学的方法

认知心理学认为应该把构想效度的估计看作一种实验，即把每一道试题看作一种实验处理，对这些试题进行适当的实验控制或处理后，分析所得结果，这样才能了解测验的构想效度。

3. 实证效度

（1）含义

实证效度又称**效标关联效度**，是指一个测验对处于**特定情境中的个体的行为进行估计的有效性**，即一个测验是否有效，应该以**实践的效果作为检验标准**。如果测验分数高者在实际工作中亦展现了测验所要测的才能，则可以说该测验的效标关联效度高。 ≫ TIPS ⑬

（2）种类

根据效标资料搜集的时间差异，实证效度可以分为同时效度和预测效度两种。

①**同时效度**：效标资料是与测验分数**同时搜集**的。同时效度主要用于**诊断现状**，作用在于用更简单、更省时、更廉价和更有效的测验分数来取代不易搜集的效标资料。

②**预测效度**：效标资料是在测验之后**根据实际工作成绩**来确定

TIPS ⑬

例如，当我们用机械能力倾向测验测查了一大批机械工人之后，若有证据表明测验高分组的实际工作成绩确实优于低分组的实际工作成绩，则可以认为该测验具有较高的实证效度。

的。预测效度的作用在于预测某个个体将来的行为。　　>> TIPS ⑭

（3）效标

①定义

效标关联效度中，被估计的行为是检验测验效度的标准，简称为效标。估计测验的实证效度的首要条件是必须具有效标。效标就是衡量一个测验是否有效的外在标准，它独立于测验并可以从实践中直接获得研究者所感兴趣的行为。　　>> TIPS ⑮

观念效标指效标的实质概念内容，效标测量指效标的具体化、可操作的测量指标，同一个观念效标可有多个效标测量。

效标污染指评定者知道被试测验的分数，而使其效标分数受到影响的情况。

②效标需满足的条件

a.相关性：效标与目前所评价的事物有相关，并适合用这一效标来度量。

b.有效性：效标与所代表的特质之间应是高度一致的。

c.无污染：效标的度量不是基于或部分基于正在评价的测验的结果。

d.客观性：由于效标往往是依据主观经验评定的，所以避免主观偏见尤为重要。

e.实用性：在保证有效性的前提下，效标的测量要尽可能简单、省时、省钱、可操作。　　>> TIPS ⑯

③性质

a.多样性：同一个观念效标可以有多个效标测量。

b.复杂性：每一种效标行为往往都是由多种特质构成的，因此效标测量是件极为复杂的事。

c.特殊性和时间性：效标测量多种多样，所以有些效标测量只能反映测验在某一特殊方面的有效性程度，即在一种情况下有效的测量，在另一种情况下未必有效。

④常用的效标

常用的效标主要有学业成就、等级评定、临床诊断、专门的训练成绩、实际的工作表现、对团体的区分能力以及其他现成的有效测量。这些效标可以是连续型变量，也可以是离散型变量；可以是自然的现成指标，也可以是人为设计的指标；可以是主观判断，也可以是客观测量；可以是自我评定，也可以是他人评定；等等。但不能是心理特征的描述性评价。

（4）确定方法

实证效度的确定方法大体上可以分为以下三个步骤：明确观念

TIPS ⑭

例如，当我们用机械能力倾向测验测查了一大批机械工人时，其效标资料是与测验分数同时搜集的，所以它是同时效度；在车队选拔汽车驾驶员时，若用测验选出来的人在学习驾驶技术以及日后驾驶过程中的表现都大大优于以前未用测验随意指派的汽车驾驶员，则其效标资料是在测验之后根据实际工作成绩来确定的，所以它是预测效度。

TIPS ⑮

例如，大学生入学测验应能预测大学生入学后的学习成就，即合格者预示着能胜任大学的学习，入学分数高者大学后的学习成就也高，因此，大学的学习成绩便是验证入学测验效度的标准，是用作检验测验效度标准的参照物，也就是效标。

TIPS ⑯

假设我们在评价一个英语测验A的效标效度。首先，我们不能用学生在语文测验上的得分作为效标，除非有证据表明英语学习与语文学习直接相关（相关性）；其次，如果一个测验A被用作英语测验的效标，那应当有证据表明测验A是有效的，也就是说，测验A同时具有较高的信度与效度（有效性）；再次，我们不能选择根据或部分根据测验A的得分结果筛选出来的学生作为检验依据（无污染）；最后，编制测验A时也要避免主观偏见（客观性）。

效标、确定效标测量、考查测验分数与效标测量的关系。

从效度估计的方法上看，实证效度可以用以下方法进行估计。

①**相关法**：计算测验分数与效标测量的相关系数。

②**区分法**：其思路是被试接受测验后，让他们工作一段时间，再根据工作成绩（效标测量）的好坏分成两组。这时再回过头来分析这两组被试原先接受测验的分数差异，若这两组被试的测验分数差异显著，则说明该测验有较高的效度。

③**命中率**：当用测验作取舍决策时，命中率常被作为测验有效性的重要指标。命中率包括正命中率、负命中率、总命中率。

a. **正命中率**：指被测验选出来的人中真正被选对了的人数的比率。

$$P = \frac{正确接受}{正确接受 + 错误接受} = \frac{A}{A+B}$$

b. **负命中率**：指被测验所淘汰的人中真正应该被淘汰的人数的比率。

$$P = \frac{正确拒绝}{错误拒绝 + 正确拒绝} = \frac{D}{C+D}$$

c. **总命中率**：指被测验选对了的人数和被淘汰对了的人数之和与总人数之比。

$$P = \frac{正确接受 + 正确拒绝}{总人数} = \frac{A+D}{A+B+C+D}$$

若测验的使用者同时在意被选对了和被淘汰对了的人数的比率，则应当以测量的总命中率作为效度指标。 >> TIPS ⑰

若测验使用者只关心被选者是否全部符合要求，不关心被淘汰者是否有符合要求的人，则应当以正命中率作为效度指标。

表 2-3　分类决策的正确性

项目		效标	
		成功	失败
测验分数	成功	正确接受（A）	错误接受（B）
	失败	错误拒绝（C）	正确拒绝（D）

④**基础率、灵敏度和确认度**：测量目的和基础率不同，测量的效度或效用是不一样的，这种不一样主要体现在测量的灵敏度和确认度方面。当基础率较低时，选用灵敏度高的测验才能比较有效；当基础率很高时，则选用确认度高的测量工具才能比较有效。

>> TIPS ⑱

a. **基础率**：指符合筛选要求的群体在整个人群总体中所占的比率。

命中率的计算方法是，先根据测验的临界分数将被试分为成功与不成功的两类，再根据效标将被试分为成功与不成功两类，这样被试就分成了四类（见表2-3）：在测验分数上成功而在效标分类上也成功的（A）；在测验分数上成功而在效标分类上不成功的（B）；在测验分数上不成功而在效标分数上成功的（C）；在测验分数和效标分数上都不成功的（D）。

例如，假设在拥有1万名儿童的总体中，真正的弱智者有300人，并有心理学工作者用智力测验测得：真正弱智者中鉴定为弱智者的人数为240人；真正正常者中鉴定为弱智者的人数为70人；真正弱智者中鉴定为正常者的人数为60人；真正正常者中鉴定为正常者的人数为9 630人。那么，正命中率为240/（240+70）=0.7742；负命中率为9 630/（9630+60）=0.9938；总命中率为（240+9630）/10000=0.987。

基础率=（A+B）/（A+B+C+D）；灵敏度=A/（A+C）；确认度=D/（B+D）。例如，在上述例子中，该地区弱智儿童的基础率约为300/10000=0.03；该测验的灵敏度为240/300=0.80；该测验的确认度为9630/（9630+70）=0.992 8。

b. **灵敏度**：指所有真正符合要求的人中能被测验鉴别出来的人数的比率。

c. **确认度**：指所有不合要求的人中能被测验正确淘汰的人数的比率。

4. 效度验证的举证模式

（1）效度验证的举证模式把效度概念和验证方法提升到了一种类似"**法庭辩论**"的新范式。这种"法庭辩论"范式以非形式逻辑的图尔敏论证模式为理论基础。

（2）其基本思想是，效度验证是从数据出发，通过"收集证据和理论阐述"来支持或反驳关于"分数含义和作用的所有说辞"的一个辩论过程。效度验证就是一个建立分数解读论点的过程。效度证据可能仅仅支持分数解读中的部分观点，因此，实际工作中可能需要提出分数解读的若干备选方案，以便使得每种解读都具有某种程度的"合情合理"性质。

5. 其他效度

（1）表面效度

表面效度是指对测验原理不熟悉的人从**表面上看一个测验是否有效**。如果要求被试完成的任务在某些方面与他们对测验要测量的事物的理解之间存在相关，那么这个测验最有可能被判断为是有效的。

表面效度会影响被试的测验动机。较高的表面效度会让被试感到测验是有意义的，也会更加配合测验实施，否则可能会草率应付；但表面效度过高时，被试很容易识别出测验的目的，从而做出掩饰反应，产生虚假分数。因此，表面效度必须适当，测验题目既要能引起被试的动机与兴趣，又要有较好的掩蔽性。

（2）合成效度与区别效度

合成效度与区别效度是职业心理学家发展出来的两种新的效标关联效度。

①合成效度：以职业表现为效标，根据工作分析的结果确定该职业中不同工作项目所占的比重，分别求出**测验分数**与**各工作项目**之间的相关系数，再按不同的比重**加权计算**，即可得出合成效度，用以预测整个工作绩效。

②区别效度：用以检验职业测验效标关联效度的一种指标，它有以下两种不同的含义。

a. 某个心理测验的得分与**两种不同性质的职业绩效**之间相关系数的差异，可以作为该测验的区别效度，用以推测选择哪种职业其成功的可能性如何。

b. 一套职业测验由多种分测验组合而成，可同时测量被试多方面的特质。如果该套测验组合的测验结果能明确地将被试在<u>不同方面的特质</u>区分开来，则认为该测验组合具有区别效度。在这个意义上，区别效度与区分效度的含义有些类似。 >> TIPS ⑲

（3）内部效度与外部效度

①内部效度：又称内部一致性效度，它反映了测验的构想效度。内部效度的估计方法之一是求项目分数或分测验分数与总分的相关性。在编制测验时常常删除与总分相关性太低的项目或分测验，剩余的项目或分测验与总分的相关性就作为整个测验内部一致性的证据。

②外部效度：指将研究结果概化到其他情境和总体的程度。如果研究数据仅在本实验背景下有效，那么这种研究是没有多大价值的，外部效度就较低。效度概化是外部效度研究的一个方面。

TIPS ⑲

区分效度与区别效度是不同的概念。区分效度是与聚合效度相对的概念，是用以检验结构效度（构想效度）的指标；而区别效度是用以检验职业测验效标关联效度的一种指标。

知识点 3 影响效度的因素与提高效度的方法 ★★★

1. 影响效度的因素

（1）测验的构成

①当组成测验的试题样本没有较好地代表欲测内容或结构时，测量的内容效度或结构效度必然会不高。

②题目语义不清、指导语不明、题目太难或太易、题目太少或安排不当等，都会降低测量效度。

③一般而言，增加测验的长度可以提高测量信度，进而为提高测量效度提供可能。测验长度与效度的关系可用下述公式表示：

$$r_{(nx)y} = \frac{r_{xy}}{\sqrt{(1+r_{xx})/n + r_{xx}}}$$

式中，$r_{(nx)y}$ 是长度相当于原测验 n 倍的新测验的效度系数；r_{xx} 是原测验的信度；r_{xy} 是原测验的效度系数；n 是长度倍数。

（2）施测过程

在实施过程中，被试不遵从指导语的要求，出现意外干扰，或评分、计分出现差错等，都会降低测量效度。

（3）被试因素

①个体被试：在一般情况下，被试的应试动机、情绪、态度和身体状态等都会影响测量信度，造成较大的随机误差，进而影响测量的效度。

②被试团体：如果缺乏<u>必要的同质性</u>，则很可能会得到不恰当的效度资料。有时候，同样一个测验，对年龄、性别、文化程度和职业等方面不同的被试团体，常常表现出不同的预测能力，即具有不同的测量效度。

（4）效标因素

①效标的选择：由于同一个测验可以有不同的效标，同一个观念效标也可以有不同的效标测量，因此，在评价测量效度时，所选效标的性质是很重要的考虑因素。

②测验结果与效标之间的关系类型：计算效度系数一般是采用积差相关法，这要求测验结果和效标分数的分布都应是正态的，且两者为线性关系。

③效标测量的信度：效标分数往往存在稳定性的问题，因此可以对效标行为进行多次测量，求其平均值，作为比较可靠的效标分数。如果不能对效标进行多次测量以降低效标测量中的误差，则可采用下面的公式对效度系数进行校正：

$$r_{xy_{max}} = \frac{r_{xy}}{\sqrt{r_{xy}}}$$

（5）测量的信度

测量的信度是测量随机误差的反映，而任何误差的增加都会降低测量的效度，所以在考查测量效度时，一定要注意测量的信度。信度不高的测验不可能具有很高的测量效度。

2. 提高测量效度的方法

（1）精心编制测验量表，避免出现较大的系统误差

①避免出现题目偏倚、题目的难易程度、区分度要恰当，题目的数量也要适中。

②测验试卷的印制、题目作答的要求、评分计分的标准、题目意思的表述等都必须严格检查，避免一切可避免的误差。

（2）妥善组织测验，控制随机误差

测验实施者严格按手册指导语进行操作，要尽量减少无关因素的干扰。

（3）创设标准的应试情境，让每个被试都能发挥正常的水平

让被试调整好应试心态，让他们从生理、心理和学识等方面做好准备。

（4）选好正确的效标，定好恰当的效标测量，正确使用有关公式

效标及效标测量都要合乎要求，公式使用正确。

知识点 4 信度与效度的关系 ★★

根据公式 $S_X^2 = S_V^2 + S_I^2 + S_E^2$，可以得到信度与效度的关系，具体如下。

1. 信度高是效度高的必要而非充分条件

当随机误差分数的变异数（S_E^2）减小时，真分数的变异数（S_T^2）

增加，测验信度（S_T^2/S_X^2）随之提高。信度的提高只给有效变异数（S_V^2）的增加提供了可能，至于是否能提高效度，还要看系统误差变异数（S_I^2）的大小。

>> TIPS ⑳

可见，信度高不一定效度高，但一个测验要想效度高，真分数的变异数必须占较大的比重，即测验的信度必须高，如图2-2所示。

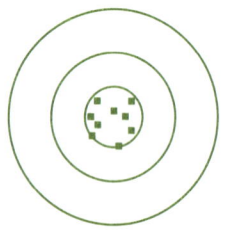
（a）既有信度，又有效度

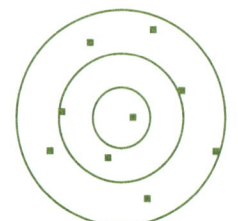
（b）既没有信度，又没有效度

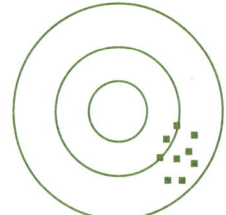
（c）有信度，但没有效度

图 2-2　信度与效度的关系

2. 测验的效度受测验的信度的制约

根据信度和效度的定义公式有

$$r_{xx} = S_T^2 / S_X^2$$

$$r_{xy}^2 = S_V^2 / S_X^2$$

再将公式（真分数变异可以分为两部分）

$$S_T^2 = S_V^2 + S_I^2$$

变为

$$S_V^2 = S_T^2 - S_I^2$$

代入信度和效度公式，可得

$$r_{xy}^2 = (S_T^2 - S_I^2)/S_X^2 = r_{xx} - S_I^2/S_X^2$$

由于 $S_I^2 > 0$，所以 $r_{xy}^2 < r_{xx}$。这就是说，一个测验的效度总是受它的信度所制约；信度系数的平方根是效度系数的最高限度。

本节小结

本节介绍了经典测量理论的效度的基本内容。首先介绍了效度的理论定义、操作定义，然后介绍了效度估计的方法，并对影响效度的因素以及如何提高效度做了介绍，最后介绍了信度与效度的关系。

TIPS ⑳

例如，用标准米尺来量身高是有效的，也是可信的，即信度、效度都很高。若用英文来考一批母语为中文的孩子的数学，虽然多次量得到的结果可能是很一致的（信度可能很高），但它的测量效度未必很高，因为考生的英文水平会严重影响其数学水平的发挥。

名词总结

测量误差　　随机误差　　系统误差　　真分数
经典测量理论　　信度　　信度系数　　信度指数
重测信度　　皮尔逊积差相关系数　　复本信度
等值性系数　　稳定性与等值性系数分半信度
斯皮尔曼-布朗公式　　肯德尔和谐系数　　弗朗那根公式
卢仑公式　　同质性信度　　克隆巴赫α系数
评分者信度效度　　内容效度　　结构效度　　效标
实证效度

第三章 现代测量理论

知识导读

经典测量理论以总分作为被试的宏观能力指标,但随着经典测量理论的广泛运用,其自身难以克服的不少弊端逐渐暴露出来。为了弥补经典测量理论的不足,新的测量理论——概化理论和项目反应理论应运而生。概化理论研究与被试宏观能力测评有关的种种误差问题,项目反应理论按个体对一些选定项目的反应来估计被试宏观能力,两者都在试图解决经典测量理论存在的对受试者样本的依赖问题,使能力的估计依赖于项目,通过对项目各种参数的估计达到测量的目的。随着心理测量学和认知心理学的进一步发展,新一代测验理论——认知诊断理论得到发展,试图从个体内部微观的心理加工过程来估计个体的能力水平。因此,本章主要对概化理论、项目反应理论和认知诊断理论进行介绍。

在心理学考研中,概化理论和项目反应理论主要以单选题、多选题等形式进行考查,认知诊断理论是312大纲新增内容,暂未考查过。因此,对本章内容,同学们重在理解理论当中的基本概念。

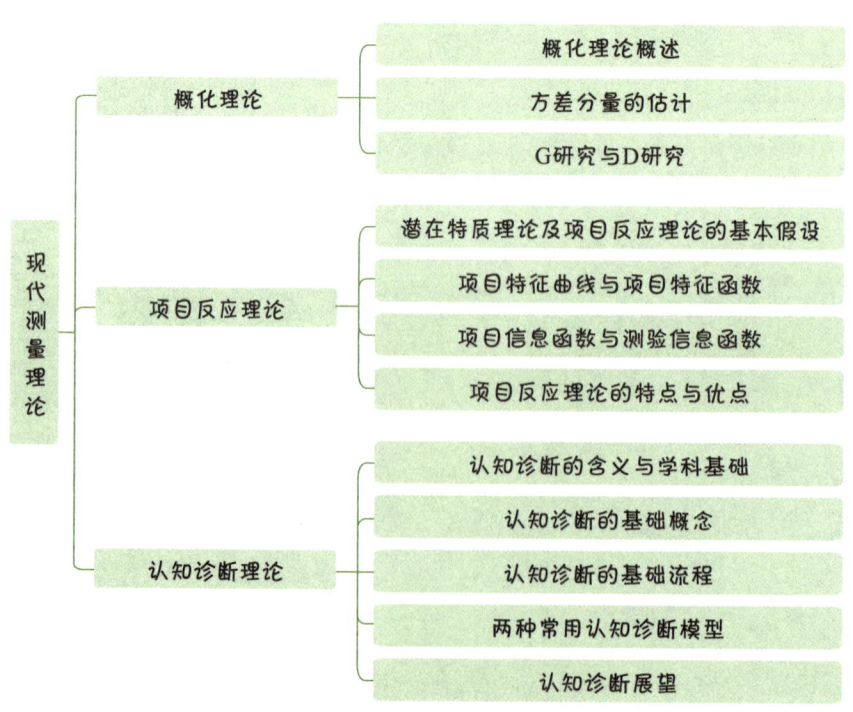

知识精讲

第一节 概化理论

知识点 1　概化理论概述 ★

1. 测验情境关系说的提出

概化理论（简称GT）认为测量误差是采用一种测量方法进行测量时必然产生的，是任何测量者都无法避免的。

概化理论的关键问题是测量工作者测量时必须明确其测量目标、造成测量误差的因素有哪些、各种因素对测量目标的影响分别有多大。　　　　　　　　　　　　　　　》TIPS ①

为此，概化理论提出了测验情境关系说，即<u>在不同的测验情境关系下，测量误差的结构不同，误差量也不同</u>。

2. 概化理论的基本思想

<u>任何测量都是依赖特定的测验情境关系的</u>，测验情境关系中的测量目标、测量侧面、测量侧面的水平都是会变化的。它们的变化会引起测验误差的来源、测验误差的大小、真分数的种类以及测验信度的变化，同时测验分数的解释范围也会发生变化。

3. 概化理论的基本原理

概化理论认为，<u>研究测量必须先研究测验情境关系</u>，测验情境关系是由一个测量目标和若干个测量侧面构成的。

（1）测量目标

测量者希望通过测量用数据描绘的那些实体。在心理与教育测量中，绝大多数的测量目标是<u>个体心理品质</u>。

被试间分数方差就是测量目标分数方差，也就是经典测量理论中所说的真分数方差。测量目标分数方差只是原始分数方差中的一部分，但它是测量者所追求的个体差异，理论上认为测量目标分数方差越大越好。　　　　　　　　　　　　　　　》TIPS ②

（2）测量侧面

除了测量目标分数方差，其余的都是误差分数方差，这些误差的来源都称为测量侧面。实际上，<u>一个测量侧面就是某一个方面的测量条件</u>。　　　　　　　　　　　　　　　》TIPS ③

总之，测量目标说明测什么，测量侧面说明怎么测。

①概化理论指出，<u>一个测量侧面可以有不同的水平</u>。测量侧面还有随机侧面与固定侧面之分。

a. **随机侧面**：在测量分析中，该侧面内的水平是该侧面所有水

TIPS ①

经典测量理论将原始分数方差分解为真分数方差和误差分数方差两部分，以真分数方差占总分方差之比作为测验的信度，以信度高低来评价测验的质量。在经典测量理论中，测验误差是一个笼统的概念，误差方差也是一个总量，至于测验误差由哪些因素造成、各种原因所形成的误差方差在误差总方差中各占多大比例，经典测量理论均没有给出明确的说明。

概化理论通过使用实验设计和应用方差分析的统计学技术，进一步把误差变异分解为多个成分，每一个成分对应一个特定的误差来源，通过这种分析就可以指出该测验分数在向超出它现有研究条件的更大范围推广时的概括化能力，同时使我们可以根据实践需要有针对性地采取多种控制误差的措施，更加有效地提高测量的信度。因此，概化理论是经典测验理论的发展与扩充。

在概化理论中，测验的目的并不是获得特定条件下的测验结果，而是要由此来推论在更广泛的条件下可能获得的测量结果。例如，某学生在字词测验中的实得分数是16分，测验并不关心该学生在测验中究竟认识几个字，而是希望了解该学生在整个字词群体中的识字能力是多少，这就是所谓的测验分数的概化性，也就是分数能够推论的范围。概化理论就是通过系统地分析实得的观测分数和多种误差来源来研究这些问题的。

平的一个随机样本，在以后的测量中，使用的水平随机取自该侧面的所有水平。

b. 固定侧面：未来每次测量中都会使用的侧面水平。一个测量侧面一旦被固定，就会成为测量目标的一部分，并且每固定一个测量侧面，就会相应减少测量误差，测量的信度和效度会提高，但测量目标受到的限制也会越来越大。

②一旦所有测量侧面均被固定，测量误差就没有了，测量也就没有了比较的价值，即概化理论认为测量误差是测量时必然产生的。

>> TIPS ④

知识点 2　方差分量的估计 ★

①概化理论用方差分析的方法对心理测量产生的总变异进行分解，并估计出各种方差成分的相对大小，还可以直接比较各方差成分大小，这个过程称为方差分量的估计。

②方差分量的估计是利用概化理论进行分析的关键，通过 G 研究估计出各个方差分量，进而对这些方差进行比较，获得概化系数、可靠性指数等。

③但概化理论中估计出的方差分量可能受抽样限制，根据不同的抽样样本估计出的方差分量可能不同。

知识点 3　G 研究与 D 研究 ★★

概化理论的统计分析分为两个阶段：第一阶段叫作 G 研究，第二阶段叫作 D 研究。

1. G 研究

（1）含义

在概化理论中，研究者设计的测验情境关系及用一定方法采集的测验数据被称为测验的观察领域。在该观察领域数据上进行的统计分析称为 G 研究。

（2）目的

G 研究的目的是定量估计观察领域中测量目标的方差以及各个测量侧面所产生的测量误差方差。从统计角度来说，G 研究就是要分解观察分数总方差，估计各因素期望方差。

（3）步骤

G 研究分为两步进行。

①第一步：分解观察数据总方差，把数据总方差分解成三类方差。

a. 第一类是测量目标主效应方差。

例如，在作文测试中，无论是多个阅卷者评阅、多次评阅，还是多篇命题的评阅，其测量目标都是被试的写作能力。

例如，在作文测量中，阅卷者是一个测量侧面，同一篇作文多次评阅是一个测量侧面，命题又是一个测量侧面。测量时间、采光等级、干扰噪声、指导语类型，甚至被试的心境、文化背景等均可作为测量侧面进入测验情境关系中。

例如，在作文测试中，测量的目标本来是被试的作文水平，若我们固定阅卷者侧面，即每次阅卷者不变，则测量的目标变为这几个阅卷者评阅被试的作文水平，解释的范围由一般阅卷者评阅缩小到"这几个"的范围。若我们固定作文题目侧面，那测量目标就是被试用这几个作文题目写作文的水平。

b. 第二类是测量侧面主效应方差，设计情境中有几个测量侧面就有几个侧面主效应方差。

c. 第三类是各种交互效应方差。交互效应方差可分为两类：一类是由各测量侧面与测量目标形成的各级交互效应方差；另一类是纯由各测量侧面自己形成的各级交互效应方差。

②第二步：利用样本方差估计各种效应的期望均方，并以各测量侧面效应期望均方以及各交互效应期望均方作为测量误差的描写量。

2. D 研究（决策研究）

（1）含义

D 研究是概化理论最具特色的计量分析手段。

概化理论把采取原始数据的原测验情境关系的测验侧面全体称为可测量全域，把研究者改变了的意欲分析比较的那些新测验情境关系的测验侧面全体称为概化全域。一般来说，概化全域是可测量全域的子集。全域分数相当于经典测量理论中的真分数。

（2）目的

D 研究的目的是利用 G 研究的结果数据，在原设计的测验情境关系范围之内，分析比较各种可能的测验方案，测验工作者可以根据分析结果，结合可能的实施条件优选实际测验方案。D 研究最终提供的是各种测验方案下的测验误差估计值。

（3）误差指标

对变化了的各种新测验方案，D 研究给出了以下两个比较优劣的误差指标。

①相对误差方差：所有与测量目标有关的交互效应方差之和。

②绝对误差方差：除测量目标效应方差以外的所有方差之和。

（4）综合指标

在误差指标的基础上，D 研究进一步给出了测验精度的两个综合指标。

①概化系数：简称 G 系数，用相对误差估计出来的信度系数，是测量目标效应方差与测量目标效应方差加相对误差方差之和的比。它是对常模参照测验分数稳定性程度的度量。

②依存系数：简称 φ 系数，用绝对误差估计出来的信度系数，是测量目标效应方差与总效应方差之比。它是对目标参照测验分数稳定性和一致性的度量。

这两个系数类似于经典测量理论中的信度，只是在概化理论中，同一测量目标可以有好多个测验信度，信度可随着测验性质的不同而不同，也随着测验情境关系的不同而不同。

> **本节小结**
>
> 本节首先介绍了测验情境关系说的提出、概化理论的基本思想，然后介绍了方差分量的估计，最后介绍了概化理论的重点G研究和D研究。测验研究者从深入分析测验误差的来源和结构出发，结合统计学中的方差分析，应用方差分量分析辅助测验研究，创建了从宏观上研究测验性质的新理论——概化理论。概化理论将经典测量理论中具有重要意义的信度问题进行深入研究和扩展，为测验理论的发展开辟了一个新方向。

第二节　项目反应理论

知识点 1　潜在特质理论及项目反应理论的基本假设 ★

1. 潜在特质理论的基本内容

（1）潜在特质

①潜在特质是指被试某种相对比较稳定的、支配其对相应的测验做出反应，并使反应表现出一致性的内在特征。

②潜在特质是不能直接被观察到的，用 θ 表示特质或能力水平，是测验所要测量的目标。

（2）潜在特质空间

潜在特质空间是对某一特殊行为的发展起作用的所有潜在特质的集合，是指由潜在特质组成的抽象空间。

在潜在特质空间中，互相独立的潜在特质的个数，称为这个特质空间的维度。一个潜在特质空间可能是多维的，也可能是单维的。

2. 项目反应理论的基本假设

项目反应理论（简称IRT）主要研究被试在测验项目上的行为反应和与所测潜在特质之间的关系。

项目反应理论认为，随着潜在特质 θ 的提高，正确反应该项目的概率 $P_{(\theta)}$ 也会提高。

（1）单维性假设

单维性假设是指测验能够只测量被试的某一种特质或能力（如程序设计能力），而可以忽略其他特质或能力对测验结果的影响（如阅读能力）。

（2）局部独立性假设　　　　　　　　　　　　

局部独立性假设是指假定同一能力或特质水平的被试对不同测验项目的反应在统计上是独立的，即被试对某个测验项目的反应不受对其他测验项目反应情况的影响，只与该测验题目本身的性质有关。

TIPS ①

局部独立是对某被试的能力而言，项目间无相关性存在。"局部"表示只针对一个被试，而不是对整体被试。"独立"表示项目间无相关，也就是统计独立，即一个项目不能为另一个项目提供线索。

（3）项目特征曲线假设

项目特征曲线假设又称为"知道—正确假设"，即被试知道某一项目的正确答案，他必然答对。

（4）非速度限制假设

非速度限制假设又称无时间限制假设，即测验的进行是在没有时间限制的条件下完成的，被试在项目反应上不理想，是由于能力不足引起的，而不是由时间不够所致。

知识点 2　项目特征曲线与项目特征函数 ★★

1. 项目特征曲线的含义

被试在某道题目上的正确作答概率随被试的潜在特质变量水平的变化而变化，以能稳定反映被试水平的潜在特质变量为自变量，被试正确作答的概率为因变量所绘制成的回归曲线即项目特征曲线（简称 ICC）（见图 3-1 所示）。　　》 TIPS

2. 项目特征函数

项目特征函数（简称 ICF）即用来拟合项目特征曲线的函数。

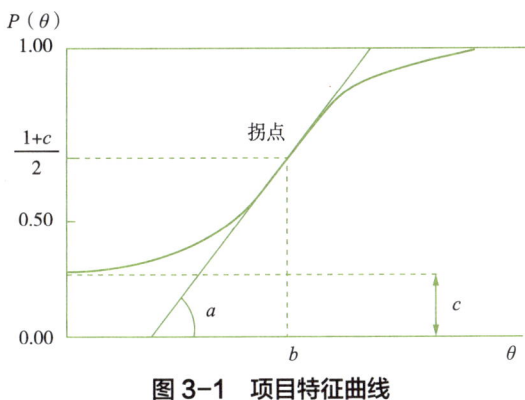

图 3-1　项目特征曲线

TIPS 2

项目特征曲线是项目特征函数或项目反应函数的图解形式，它反映了被试对某一测验项目的正确反应概率与该项目所对应的能力或特质的水平之间的一种函数关系。项目特征曲线运用图像直观地显示了随着被试某种心理特征水平的变化，正确回答某个项目的概率是如何变化的。

应用比较广泛的项目特征函数是下面的罗吉斯蒂克（Logistics）函数，表达式为：

$$P(\theta) = c + \frac{1-c}{1 + e^{-1.7a(\theta-b)}}$$

① θ 代表的是个体潜在特质水平，θ 值越大，对应的 $P(\theta)$ 也越大，但不会大于 1。

② c 代表的是伪机遇水平，指的是在真实测验中，被试完全靠猜测作答而答对的概率，$P(\theta)$ 最小不小于 c；一般而言，题目质量越高，对应的 c 值越小。

③ b 代表的是题目难度，若被试的潜在特质水平 θ 恰好等于某题目的题目难度 b，则该被试在此道题目上的正确作答概率是 $\frac{1}{2}$（$1+c$），此刻，点（b，$\frac{1}{2}$（$1+c$））为项目特征曲线的拐点，潜在特质

水平继续增大，$P(\theta)$ 增长速度减缓，当 b 值增大时，曲线整体向右平移，需要更大的 θ 水平，才能达到与原来相同的正确作答概率 $P(\theta)$。

④ a 代表题目的区分度，描述的是题目对不同水平被试的区分能力，a 值的大小即项目特征曲线拐点处切线斜率，a 值越大，则曲线在拐点处越陡峭，曲线对接近拐点处的不同水平的被试区分效果越好。

3. 单参数模型、双参数模型和三参数模型　》 TIPS ③

（1）单参数模型

令伪机遇水平参数 C 为零，题目区分度为 1，则项目特征函数只有"题目难度 b"这一个参数。

单参数模型只有难度的变化会影响曲线的位置，其外形都保持不变。

（2）双参数模型

令伪机遇水平参数 C 为零，保留题目区分度 a 和题目难度 b，因而此时曲线的位置和拐点附近的陡峭程度都会发生变化。

（3）三参数模型

题目区分度 a、题目难度 b 和伪机遇水平 C 均可发生变化，曲线的位置、形状和下渐进线的位置都会发生变化。

知识点 3　项目信息函数与测验信息函数　★　》 TIPS ④

1. 项目信息函数　》 TIPS ⑤

项目反应理论证明，对一个潜在特质水平值为 θ 的被试，试题 i 施测于被试时，所得 θ 值的测量标准误差为：

$$SE_i = \left[I_i(\theta)\right]^{-\frac{1}{2}}$$

此式说明，一道试题提供的信息函数越大，测试的误差就越小。

可以证明，试题的信息函数与试题的区分度成正比，与伪机遇水平成反比，与 θ 减 b 的差的绝对值成反比。

2. 测验信息函数　》 TIPS ⑥

①测验题目信息函数具有可加性，累加值称为测验信息函数，记为 $I(\theta)$。

$$I(\theta) = \sum_{i=1}^{n} I_i(\theta)$$

整个测验的测量标准误差为：

$$SE(\theta) = \left[I(\theta)\right]^{-\frac{1}{2}}$$

②由信息函数的定义不难看出，项目反应理论的测量误差的概念与经典测量理论的不一样，它不仅与参测题目的性质有关，还与参测被试的水平有关，即对不同的被试施测相同的试题，其测验误差并不相同。

TIPS ③

对项目特征函数而言，题目参数越多，对题目的特点描绘越清楚，但也会使模型更加复杂，应用起来也越困难，因而有学者对 Logistics 函数的三个函数进行了一些具体设定，使项目特征函数更加精简，产生了三个模型。

TIPS ④

项目反应理论中引进了"信息函数"的概念，用来描绘一个测验或一道具体试题的有效性，它可以直接反映测验分数对学生能力估计的精度。

TIPS ⑤

项目信息函数反映的是不同特性（参数）的项目在评价不同被试潜在特质水平时的信息贡献关系。每个项目所提供的信息不受其他项目的影响，测验中各项目独立地对测验总信息做贡献。

TIPS ⑥

测验信息函数反映了整个测验在评价不同被试特质水平时的信息贡献关系，测验提供的信息量越丰富，则该测验在评价该被试特质水平时精确度越高。

知识点 4 项目反应理论的特点与优点 ★

1. 项目反应理论的特点

①**能力参数估计的不变性**：被试的能力参数估计与所使用的测验中究竟包含哪些项目是无关的，各项目对整体测验的贡献都是独立的。

②**项目参数估计的不变性**：项目参数估计与所使用的被试样本无关。

③**能力估计的精确性**：能够提供被试能力估计的精确性指标——测验信息函数，可以根据被试的不同能力水平给出不同的估计精度。因此，在测验前就可以知道各测验项目对不同能力被试的估计精确程度。

④**测验编制的实用性**：被试能力和项目难度在同一量表上，为测验的编制、分数的报告与解释提供便利。项目反应理论在测验项目等值、题库建设、计算机适应性测验等方面有很高的实际应用价值。

2. 项目反应理论的优点

①项目反应理论在估计被试能力或潜在特质时，同时考虑被试的反应组型，因此对原始得分相同但反应组型不同的个体，也往往提供不同的能力估计值，这一特性是经典测量理论所无法比拟的。在经典测量理论中，对原始得分相同的被试，其能力估计值也相同。

②项目反应理论可以针对每个被试提出其能力估计值的测量误差指标，而不是以一个笼统的标准误来代表测量误差，能够比较精确地断定每个被试能力估计值的误差范围。

③项目反应理论所采用的项目参数不依赖被试样本，也不依赖项目库。这一点经典测量理论无法做到。

④项目反应理论可以在同质性较高的分测验中计算出被试的能力估计值，主试在时间、精力有限的情境下，可以较快而又不失精确性地获得所需要的信息。

⑤项目反应理论提出的项目信息函数和测验信息函数的概念，可以作为评定个别项目或整个测验的测量误差的指标，完全可以取代传统的"信度"概念。

>> TIPS

在上述项目反应理论诸多特点和优点的基础上，电脑化自适应测验得以形成和发展。项目反应理论也存在局限性，如项目反应理论对资料的条件要求相当严格，只适用于大样本的资料分析，应用性受到限制。

本节小结

本节首先介绍了项目反应理论的基本假设，然后介绍了项目特征曲线与项目特征函数、项目信息函数与测验信息函数，最后对项目反应理论的特点和优点进行了简单介绍。项目反应理论研究者从分析被试在测验试题上的反应出发，建立了项目特征函数。在对单个题目特性分析得非常透彻的情况下，再研究题目组合的性质，也就是测验的性质，形成项目反应理论的独特体系。

第三节 认知诊断理论

知识点 1 认知诊断的含义与学科基础 ★

1. 认知诊断的含义

（1）广义的认知诊断

广义的认知诊断是指用某种方法建立起观察分数和被试的内部认知特征之间的关系。

广义认知诊断包括两个方面的应用。

①在心理学理论建构中的应用。在心理学理论建构中，认知诊断作为一种研究方法出现，以探索、构建和验证各种心理的理论结构为主要目的。

②在教育领域中的应用。其目的是按被试有没有掌握测验所测的技能或特质来对被试加以分类和评价。

（2）狭义的认知诊断

狭义的认知诊断仅指认知诊断在教育领域中的应用。这类应用更被社会关注，以致当前的认知诊断研究绝大部分集中于这一方面。

2. 学科基础

认知心理学基础、心理测量学基础。

知识点 2 认知诊断的基础概念 ★

1. 认知属性

①属性（attribute）是认知诊断理论最基础的概念，被定义为在某个具体领域内完成一项任务所需要掌握的程序性知识或陈述性知识的描述。

②"具体领域"可以理解为一个测验所涉及的内容与能力领域，"任务"可以理解为测验题目，"程序性知识或陈述性知识"可以用知识、技能或认知成分来加以表述。

③完成一个题目所需掌握的属性可能是一个，也可能是多个。完成一个测验所需掌握的属性是完成测验所有题所需掌握属性的集合。

2. 属性层级关系

①如果在测验所需的某两个属性间，掌握其中一个是掌握另一个的必要条件，就认为这两个属性处于不同层级。

②测验的每两个属性之间有可能有这种处于不同层级的关系，也可能没有。

③进行认知诊断在界定出测验所需要的所有认知属性后，还要厘清所有认知属性间的层级关系。据分析，认知属性之间主要存在五种基本的层级关系结构（见图3-2）。

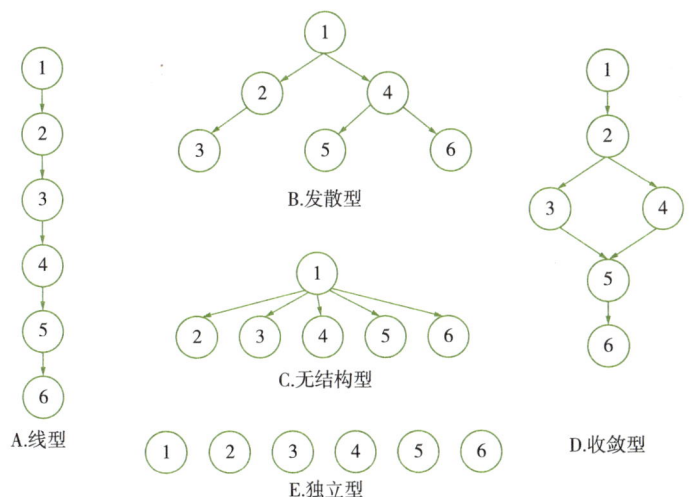

图 3-2 认知属性的五种基本的层级关系结构

3. 认知模型

①认知模型通常指问题解决的认知加工模型。认知诊断所使用的认知模型是完成测量任务所需的所有**认知属性加上它们的层级关系**构成的一种理论结构。

②认知模型的表达形式可以是**图形**，也可以是**矩阵**。图形可以是上图中的其中一种，也可以是几种的复杂组合。矩阵有**邻接矩阵（A 矩阵）和可达矩阵（R 矩阵）**两种。

4. Q 矩阵

①认知模型确定之后，要根据属性及其层级关系找出所有可以在一个题目中测试的各种属性组合，然后为每一种可能的属性组合编写至少一道测验试题并用数 1 和数 0 标定所有试题测或未测的认知属性，由此形成一个**元素全是 1 或 0 的 I×K（I 是题目数量，K 是认知属性数量）矩阵**，这个矩阵被称作 Q 矩阵。

②Q 矩阵第 i 行第 j 列的元素用 q_{ij} 表示，$q_{ij}=1$ 意味着测验的第 i 题测试了第 j 个属性，而 $q_{ij}=0$ 意味着第 i 题没有测试第 j 个属性。

5. 题目属性向量

①Q 矩阵的每一个 K 维向量反映的是对应题目所考查认知属性的情况，认知诊断中将其称为题目属性向量，有学者简称其为 **q 向量**。

②认知诊断理论认为，从题目与被试的关系看，$q_{ij}=1$ 意味着：**在没有猜测的情况下，被试要答对第 i 题就必须掌握第 j 个属性**。

6. 被试认知状态

①被试对一个测验所测试的**所有属性的掌握情况**被称为被试的认知状态，简记为 KS。

②$\alpha_{tk}=1$ 表示第 t 个被试掌握了第 k 个属性，$\alpha_{tk}=0$ 表示第 t 个被试未掌握第 k 个属性。

7. 认知诊断模型

认知诊断模型是指认知诊断所用的测量模型。认知诊断模型有许多种，但每一种模型都是一个将题目属性变量、被试认知状态变量和被试的作答反应变量融为一体的统计模型。

8. 理想反应模式

理想反应模式是被试反应向量的一种，特指每一种认知状态被试在没有猜测也没有失误的前提下对所有测试题目的反应结果。

一个测验的理想反应模式的种类与被试认知状态的种类是一一对应的。每一种被试认知状态所对应的理想反应模式可以按被试未掌握的每一道测验题目所测所有属性而逐题推演得到。

知识点 3　认知诊断的基础流程 ★

①界定测验所涉及的内容与能力领域，选择从能力、技能、知识点、认知成分等某个角度给出测验所测所有认知属性。当前技术水平之下合适的属性个数为 4~8 个。

②分析确定所有属性间符合认知加工规律的层级关系。

③在前两步的基础上科学表述和验证测验的认知模型。

④根据属性及其层级关系找出所有可以在一个题目中测试的各种属性组合。

寻找合理属性组合的方法可以用逻辑分析法，即先用随机组合方法列出所有属性组合，然后根据属性层级关系一一分析，划去逻辑上不符合属性层级关系的组合，留下所有合理组合。每一个合理属性组合实际上都构成一个题目属性向量。每一个合理属性组合实际上也构成一种被试认知状态。

⑤为每一种可能的属性组合编写至少一道测验试题。

为同一属性组合所编写的测验题目越多，诊断的准确率越高。但是，要确保每道题所测属性正是对应组合所规定的模式，属性被多测一个、少测一个、换测一个都会影响诊断的准确率。将所有试题组合成测验，写出所编测验的 Q 矩阵。

⑥测试，采集被试反应数据。

⑦根据选定的认知诊断模型进行数据分析，得到对每一个被试认知状态的诊断结果。

认知诊断模型的种类有很多，各种模型的适用条件不同，模型使用的方法也不同，使用者要选择适合自己所编测验特征的诊断模型，正确使用模型进行数据分析、获取诊断结果。

⑧为各种有缺陷的被试认知状态设计教学补救措施，有针对性地开展集体或个别形式的教学补救活动。

知识点 4 两种常用认知诊断模型 ★

1. 规则空间模型

（1）规则空间模型是一种**应用距离判别**将被试在测验项目上的作答反应划归为某种理想反应模式，从而确认被试认知状态的方法。

（2）如果已经按照认知诊断的基本流程从第一步走到第六步，分析获得了所有种类的被试认知状态向量（在规则空间模型中也被称为标准属性掌握模式）和所有被试的作答反应向量，应用规则空间模型做数据分析的后续步骤如下。

①按每一种被试标准属性掌握模式对测试项目进行模拟作答，求取标准被试的理想反应模式。

②将所有标准被试的理想反应模式与全体实测被试的实际反应模式混合在一起，求取每一标准被试和每一实测被试的项目反应理论能力变量 θ 和反应模式偏离理想反应模式的程度指标 ζ。

Tatsuoka 将由 θ 和 ζ 构成的二维空间称为规则空间，把由标准被试的理想反应模式计算得到的 (θ, ζ) 点称为空间的纯规则点。

③在由 θ 和 ζ 构成的二维空间中计算每一实测被试的 (θ, ζ) 点与空间的所有纯规则点的马氏距离，认定与实测被试 (θ, ζ) 点具有最短距离的纯规则点所属的标准被试的认知状态即该被试的认知状态。

2. DINA 模型

① DINA 模型是教育认知诊断中应用和研究最为广泛的测量模型。该模型因为仅引进"失误"（用 S_j）和"猜测"两个参数，理解和应用都相对简单。

②"失误"参数（S_j）表示项目 j 上被试失误的概率，即被试掌握了项目 j 所考核的所有属性，但答错项目 j 的概率。

③"猜测"参数（g_j）表示项目 j 能被猜对的概率，即被试未全部掌握项目 j 考核的所有属性，但答对项目 j 的概率。

知识点 5 认知诊断展望 ★

认知诊断是一个很好的理念，目标明确、路径清晰，特别是教育认知诊断，实际需求呼声很高。

但是，当前认知诊断发展还处于初级阶段，原因是认知诊断的认知模型和测量模型的开发均有较大难度，要真正实现"认知和测量相结合"，还需要更多的协同研究。

因此，只有吸引更多领域的研究者参加，形成分工协作的团队，深入认知诊断各环节的研究，才能真正推进认知诊断的发展。

> **本节小结**
>
> 本节首先介绍了认知诊断的含义与学科基础，然后介绍了认知诊断的基础概念和基础流程，最后介绍了两种常用认知诊断模型，对认知诊断进行了展望。认知诊断理论是认知心理学和现代测量学有效结合的产物，是以认知理论为基础的新的测量方式和测验设计方法。

名词总结

测验情境关系说	测量目标	测量侧面	
方差分量的估计	G 研究	D 研究	潜在特质
单维性假设	项目特征曲线	C α b	项目信息函数
测验信息函数	认知诊断	认知属性	属性层级关系
Q 矩阵	认知诊断模型		

第四章 心理测验的编制和实施

知识导读

开展心理测量的第一步是编制测验，编制出一个好的心理测验是实现心理测量科学性的基本前提。同时，只有正确地使用测验，才能实现一个好的测验的科学功能。因此，本章首先介绍了心理测验的编制技术，从测验的设计到测验目标、测验标准化、测验等值技术等，系统介绍了测验编制的基本程序；最后，本章介绍了心理测验施测的程序步骤以及施测中要注意的一些事项。

在心理学考研中，同学们需要重点掌握测验的编制程序以及如何解释测验分数，这部分内容历年以简答题或综合题的形式进行考查，本章其余内容历年都以单选题、多选题的形式进行考查，同学们重在理解即可。

知识地图

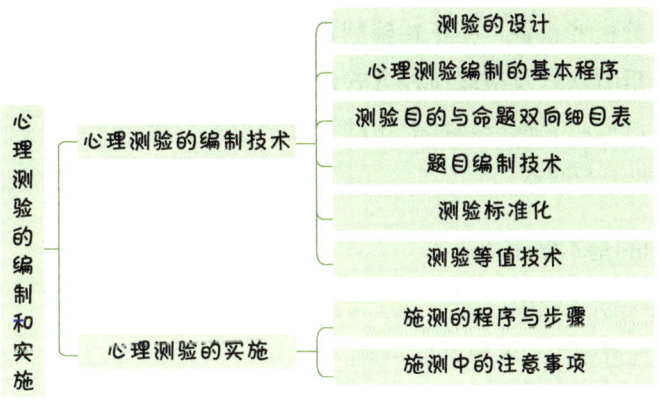

知识精讲

第一节 心理测验的编制技术

知识点 1　测验的设计 ★

1. 明确测验目的

确定测验目的要解决三个问题：明确测量对象、测量目标和测量用途。

①明确测量对象就是确定该测验用于测量哪些个体或团体。

②明确测量目标是指该测验是用于测量什么心理功能（是能力、态度，还是人格）。

③明确测量用途则是确定测验的用途，是用来选拔人才，还是作为诊断心理是否异常或其他。

2. 选择合适的测验

不同的测验有着不同的应用，在明确测量目的的基础之上，应根据测量对象、测量目标、测量用途选取最为合适的测验。

3. 结合测验的实施条件制订测验实施方案

测验实施方案主要包含以下几点。

①测验材料和测验场地的准备：在明确使用哪个测验之后，将与之相关的测验材料准备齐全，如果对测验场地有所要求，则应提前确定测验场地。

②施测人员选拔：测验需要专业人员作为主试，如果没有，则应提前选拔并培训相关人员参与后续施测。

③施测过程中的误差控制方案：对施测过程中可能存在的误差应提前有所预测，并制定相应的误差控制方案。一般来说，测验过程中的误差控制方案为：所有施测者必须在相同的条件下施测，包括相同的测验情境、相同的指导语、相同的测验时限等。

④测验结果的整理，分析和报告：在正式施测之前，对测验结果如何处理，采用何种分析方法以及采取何种方式进行报告有预估方案。此方案可作为后续测验结果部分数据分析的指导，可在后续的施测过程中根据实际需要进行调整。

知识点 2 心理测验编制的基本程序 ★★★

①不同的心理测验在编制过程中，编制方法可能有所不同，但是无论过程有多大差异，其遵循的基本程序是一致的。

②一般来说，编制一个标准化的心理测验要经过以下几个步骤：**确定测验目的；制定编题计划；编辑测验题目；预测与项目分析；合成测验；测验标准化；鉴定测验；编写测验说明书。**

知识点 3 测验目的与命题双向细目表 ★★★

1. 测验目的

确定测验目的要解决三个问题：明确测量对象、测量目标和测量用途。

2. 命题双向细目表

①在制定编题计划时，首先需要确定**全面而具有代表性的测验**

内容；其次是明确对各个内容的相对重视程度；通常采用双向细目表来表示。

②双向细目表是编制测验的计划表，详细说明了测验的内容、测验目标及其水平，以及它们在整个测验中所占比重，是确定测验题目的内容、覆盖面、数量以及分数的分配等的重要依据。（如表4-1） 》TIPS ①

表4-1 小学高年级自然常识测验的双向细目表

教学内容	教学目标						
	知道	理解	应用	分析	综合	评价	合计
生物世界	5	5	5	5	5	5	30
资源利用	5	5	5	5	5	5	30
动力和机械	4	4	4	4	2	2	20
物质与能量	4	4	4	4	2	2	20
合计	18	18	18	18	14	14	100

表4-1是一个假定的小学高年级自然常识测验的双向细目表，表头开列了要测量的认知目标（教学目标），第一列开列的是测验内容（教学内容），表中的数字代表每类题目所占的百分比，这些比例反映了每个内容及目标的相对重要性（分配的权重）。

③双向细目表可以使命题工作具有计划性，而避免盲目性；使命题者明确测验的目标，把握试题的比重和分量，提高命题的效率和质量；可提高测验的内容效度，克服专家评定法的一些不足。

知识点 4 题目编制技术 ★★

测验编制过程包括了编辑测验项目、预测、项目分析以及合成测验。

1. 编辑测验项目

编辑测验项目包括了三个步骤，即收集测验资料、选择项目形式、编写测验项目。

（1）收集测验资料

收集测验资料时要遵循三项基本原则：丰富性、普遍性、趣味性。

（2）选择项目形式

心理测量中的测验项目都要以某种形式呈现给受测者，如在考试中碰到的选择题、填空题、绘图题等都是项目形式的一种，确定测验项目呈现形式则取决于很多因素，包括受测者的年龄、测验对象的人数、测量目的等。

对于项目测验的确定，我国心理学家世承、陈鹤琴曾提出过以下原则可供参考：使受测者容易明了测验方法；使受测者在完成测验时不会因测验项目形式不当而做错；测验过程省时省力；计分省时省力；经济。

（3）编写测验项目

在编写测验项目时，需要注意以下几个方面：

①测验项目的取样应当对欲测心理特质具有代表性。

②测验项目的取材范围要同编题计划所列项目一致。

③测验项目的难度应有一定的分布范围。

④编写测验项目的用语要求精炼简短，浅显明了。

⑤初编题目的数量要多于最终所需要的数量，以便筛选或编制复本。

⑥测验项目的说明必须简明。

2. 预测和项目分析

（1）预测

预测的目的在于获得被试对测验项目作何反应的资料。预测时应注意以下问题：

①预测对象应取自将来正式测验时准备应用的群体，人数不必太多，但要有代表性。

②预测的情境应力求同正式测验的情境一致。

③预测的时限可以适当延长，以便每一位受测者都能将题目做完。

④施测者应对受测者的反应加以记录。

（2）项目分析

测验项目分析就是对预测结果进行统计分析，确定项目的难度和区分度。

3. 合成测验

合成测验是指将预测后经过筛选，被判定为有用的项目排成有组织的测验。

在这一步中要完成以下任务：测验项目的选择和编排，如有需要还要编制复本。

（1）测验项目的选择

选择测验项目的指标有三个。

①测验的性质：要选择那些能够测量出所要测量的东西的项目。

②项目的难度：没有固定的标准，选拔性测验要求难度大些，考查性测验要求难度不可太高，人格测验则不要求难度。

③区分度：一般来说，项目的区分度越高越好，但有时也可以保留若干区分度不高的项目，要视项目的重要性而定。

（2）测验项目的编排

总的编排要由易到难。

①对**认知性测验**（如能力测验和学业成就测验），有两种常见的测验项目编排方式。

a.**并列直进式**：将整个测验按测验项目材料的性质归为若干分

测验，在同一分测验的测验项目中，则依其难度由易到难排列。

b. **混合螺旋式**：先将各类测验项目依难度分成若干不同的层次，再将不同性质的测验项目予以组合，做交叉式的排列，其难度则渐次升进。这种排列的优点是受测者对各类测验项目循序作答，从而维持作答的兴趣。

②对**非认知性测验**（如自陈人格测验和态度测验），此类测验通常根据**随机化原则**编排测验项目。

（3）编制复本

一种测验至少要有等值的两份，所谓等值必须符合以下条件：

①测量的是同一种心理特质；

②具有相同的内容和形式；

③不应有重复的项目；

④测验项目数量相等，并且有大体相同的难度和区分度。

知识点 5　测验标准化 ★★

测验的标准化表现在测验的编制、实施、评分以及解释测验的程序的一致性上。具体地说，测验标准化包括下列内容。

1. 测验内容

测验标准化的首要前提就是对所有受测者**实测相同或等值的题目**。

2. 施测过程

测验标准化的第二个条件就是所有施测者必须在**相同的条件下施测**，包括相同的测验情境、相同的指导语、相同的测验时限等。

（1）**相同的测验情境**。如统一的采光条件、统一的桌椅高度、统一的桌面面积、统一的房间布置等。

（2）**相同的指导语**。指导语一般包括两部分：一是向受测者说明测验的目的，以便解除受测者的顾虑；二是向受测者说明如何对测验项目做出反应。

（3）**相同的测验时限**。确定时限一般采用尝试法，即通过预测来决定。通常的时限定为大约90%的受测者在预定的时间内完成全部测验项目即可。

3. 测验评分

评分客观性是标准化测验的第三个条件，客观性评分要求包括：

（1）对反应要及时清楚地记录，以免由于记忆丧失造成混乱，在口头测验和操作测验中尤为如此。

（2）要有一张标准答案或正确反应的表格，即记分键。

（3）将受测者的反应与记分键比较，确定受测者分数。

评分的客观性意味着有两个或者两个以上的评分者对同一份测验的评定是一致的，一般来说，当不同的评分者之间的一致性达到90%以上，就可以认为评分是客观的。

4. 测验分数的解释

测验分数只有与一定的参照标准相比较，才能显示出它所代表的意义。对某一受测分数的解释要与这一受测者所属团体的常模做比较，才能说明该受测者的分数所代表的意义。

知识点 6 测验等值技术 ★★★

1. 测验等值的含义　　>> TIPS ②

测验等值是将测量同一心理特质的多个测验的分数（或潜特质水平）或项目参数实现单位系统转换，达到相互间对应指标可比的过程。

或者说，测验等值是通过比较以建立不同测验间分数对应关系的数量化方法，其作用是使测量相同特质但不同时间、地点的测验分数具有可比性。

2. 测验等值的条件

①同质性：被等值的不同测验形式所测的必须是同一种心理品质。

②等信度：被等值的不同测验形式必须有相等的测验信度。

③公平性（又称等价性）：考生参加被等值的不同测验形式中的任何一个，等值后的结果都是一样的，不能出现参加不同形式的测验经等值后的结果有高有低的现象。

④可递推性：X=Y=Z，则 X=Z。

⑤对称性（又称可逆性）：测验间的等值转换关系是双向的，可以将测验 X 上的分数转换为测验 Y 上的分数，反之亦然。>> TIPS ③

⑥样本不变性：测验 X 与 Y 之间的等值关系不随被试样本和测验时间的变化而变化。

3. 测验等值的一些基本概念

（1）经典测量理论等值与项目反应理论等值

①经典测量理论等值以经典测量理论为指导。

②项目反应理论等值以项目反应理论为指导，对等值的要求更宽松，等值结果更准确。

（2）测验分数等值与项目参数等值

①测验分数等值是指各测验间原始分数的等值。

②项目参数等值是指各测验间项目参数的等值，且只能在项目反应理论的指导下进行。

TIPS ②

在实际操作中，测验者经常遇到一个测验需要配备多个测验形式的情况。在这种情况下，测验者当然希望这些不同形式的测验结果分数应该是"相等"的，出于实践的需要，测量学中有一门技术专门用于解决这类问题，就是测验等值技术。例如，我国各个省份的高考试卷不同，为了保证可比性就需要测验等值。

TIPS ③

例如，有两个平行测验 X 和 Y，如果测验 Y 上的 60 分等值于测验 X 上的 50 分，那么 X 上得分 50 分也一定等值于 Y 上的 60 分。

（3）水平等值与垂直等值

①水平等值指被等值的测验难度水平、受测团体的能力水平都相似。

②垂直等值指被等值的测验难度水平受测团体的能力水平都不同。

4. 测验等值的一些专用技术名词

①测验等值设计：为了寻找不同测验形式之间的等值关系而预先对数据的采集方法、等值实现的途径、等值的计算方法进行的周密设计。

②锚测验：在测验等值设计中，有时会采用同一组测验试题来关联两个待等值的测验形式，以便寻找两个测验形式的等值关系，这些测验试题被称为锚测验。

③数据平滑法：统计学上把使样本分布曲线趋于光滑的技术。较常使用的数据平滑法有两种：对数线性平滑模式和 β 二项式平滑模式。

④等值标准误差：测量学上把由抽样引起的等值误差称为等值的随机误差，评价等值随机误差大小的指标称为等值标准误差。

⑤等值偏差：测量学上把等值处理方法不当引起的等值误差称为等值的系统误差，也称等值偏差。

5. 测验等值的计算方法

（1）等百分位等值法

依据的原理是两个分数中的一个在测验形式 x 上，另一个在测验形式 y 上，如果两个分数对任何一个被试群体都有相同的百分等级，那么这两个分数就是等值的。具体操作是寻找与 X 分数有相等百分等级的 Y 分数，可使用作图法和计算法。

（2）线性等值法

依据的原理是两个分数中的一个在测验形式 x 上，另一个在测验形式 y 上，如果这两个分数在各自测验中的标准分数相等，则这两个分数就被认为是等值的。

$$\frac{x-\bar{x}}{S_x}=\frac{y-\bar{y}}{S_y}$$

式中，x 和 y 是两测验的原始分数；$\bar{x}$、$\bar{y}$ 分别为 x 和 y 的平均数；S_x、S_y 分别为 x 和 y 的标准差。

把上式整理后即得

$$y = Ax + B$$

式中，A 和 B 是等值常数，$A=S_y/S_x$，$B=\bar{y}-A\bar{x}$。如果能够求出参数 A 和 B，则对测验分数 x 均可以利用该公式求出与之等值的 y 分数。

6. 测验等值技术的一般步骤

确定等值目标；进行等值设计；施测并采集测验数据；选择一个等值的操作性定义（线性/等百分位等值）；选择一种等值关系计算方法进行计算；评价等值结果。

7. 测验等值结果的表示方法

①**表列法**：就是将两个测验形式对应相等的分数排列成标。表列法简单明了，查找方便，是应用最普遍的等值结果表示方法。

②**公式法**：用于一些可由公式直接计算而获得等值结果的情况。用公式法表示等值结果简明、方便，等值关系清晰，但并不是所有的等值结果都能用公式表示；而且公式法对具体分数的配对还有一步计算要做。

③**图示法**：等值分数的图示法形象生动地揭示了两测验分数间的等值转换关系，不受等值计算方法的限制。但是图示法表示的对应关系精确度有限，因此多用于对等值关系的整体分析。

本节小结

本节主要介绍了心理测验的编制技术。测验的编制首先需要有计划的制定，因此本节首先介绍了测验的设计以及编制的基本程序；然后介绍了测验目的与命题双向细目表、题目编制技术；最后介绍了测验的标准化和测验等值技术。

第二节 心理测验的实施

知识点 1　施测的程序与步骤 ★

1. 选择测验

（1）选择一个合适的测验是测验施测的第一步工作。

（2）合适测验的具体要求包括但不限于以下内容。

①所选测验内容和性质符合施测目的。

②所选测验的形式和方法适合被试的身心特点。

③所选测验的信度和效度符合测量学要求。

④所选测验对施测人员和施测条件的具体要求与实际施测条件相符合。

⑤若是为某种研究目的使用测验采集数据，对测验的选择就更要慎重，在研究报告中必须对所选测验的各方面性能进行如实报告。

2. 过程组织和实施

①在测验施测中，过程的组织和实施对控制和减少施测误差至关重要。有些测验施测较为简单，有些测验施测则较为复杂。具体

来讲，一般团体测验、纸笔测验的施测相对简单，个体测验、操作测验的施测则相对复杂。

②无论哪种类型的测验，都应由具备相应资质和专业技能的人员严格按照测验说明书和测实施方案中的有关要求施测。

③实际施测时，从测验环境布置、测验指导语宣讲、测验材料准备和发放，到测验中突发状况的应对等都应该做到统一规范，以此控制测验实施过程中的各种可能误差，即测验实施的标准化。

3. 测验评分

①多数测验的评分在测验实施完成后进行。测验的评分应严格按照测验说明书中规定的方法和标准进行。

②客观题的评分较容易完成，主观题的评分则要困难很多。因此，心理测验的主观题评分必须由具备相应资质（或经过专门培训后能够胜任）的人员来完成。

③如果是大规模的主观题评阅，则需要事先筛选出优秀的阅卷员进行严格培训，以统一评分标准，必要时还可以进行阅卷质量监控。

④一些测验的评分在实施过程中进行。在实施过程中进行评分的测验，因为有时间限制，所以对主试的反应速度等有更高的要求。

4. 测验结果解释和报告

①测验结果的解释和报告是测验施测的最后一个环节。不同类型测验的结果解释和报告方法有所不同。

②常模参照测验注重报告被试在群体中所处的相对位置，标准参照测验注重报告被试是否达到了某一特定的标准（合格与否）或达到了何种等级。

③考虑到任何测验结果都包含误差，因此对测验结果进行解释报告时一定要避免绝对化、标签化。

④对测验结果处于相对劣势地位的青少年儿童的解释报告更要注意秉持发展导向，更多强调优势品质，鼓励改善劣势品质。 >> TIPS ①

知识点 2　施测中的注意事项 ★★★   >> TIPS ②

1. 主试的资格

作为测验施测者的主试应由具备心理测验专业理论知识、掌握心理测验使用专业技能及遵守测验工作者职业道德（如测题保密、结果保密，坚决避免测验滥用和误用）的人担任。

2. 施测前的准备工作

在正式测验开始之前，施测者一定要预先做好准备，这些准备工作包括三点。

①准备好测试材料。

例如，对智力测验得到的IQ为65分的被试，千万不要做这样的解释："你属于智力缺陷者。"较理想的解释应是："这个分数表明你的学习能力比一般人低了一点儿，但是有些像你这样能力的人，由于刻苦努力而有了很不错的表现。"

受测者的实际测验分数不仅与测量工具本身有关，还受到很多其他与实验目的无关的变量的影响，其中测验的实施过程就会影响实际的测验得分，所以施测者应该了解在测验过程中哪些因素会影响测验分数，并在实测过程中对这些因素加以控制。

②熟练掌握施测手续（施测者应该熟悉测验内容，掌握施测步骤，掌握记分方法以及解释分数的技术）。

③熟练使用测验指导语。

3. 指导语

①实验指导语会直接影响受测者反应的态度和方法，指导语的直接作用是使受试者按正确形式对题目做出反应。

②指导语中应该包括测验目的的说明，并且主试的态度和指导语的内容应该保持中立。如果测验有时间限制或特殊要求，也应该在指导语中提前说明。

4. 测验情境

①测验情境包括测验场地、座位、受测者特征等，标准化测验一般都需要对测验情境加以严格控制。

②需要特别注意的是，在进行测验的过程中，不能有外界干扰；同时在整个施测过程中，施测者应该保持中立的态度，不应该对受测者的反应做出任何带有指向性的暗示。

5. 测验焦虑

①测验焦虑是受测者因为接受测验而产生的一种焦虑或紧张的情绪，这种情绪会对受测者的正常反应产生影响。

②在实施测验的过程中，施测者应该避免自己的行为或态度对受测者产生压力而引起测试焦虑。

6. 与受测者建立良好的协调关系

①与受测者建立良好的关系有助于在施测过程中得到受测者的配合，保证受测者能够按照实验指导语进行反应。

②受测者会更加诚实地做出反应。

③与受测者保持良好的关系也可以使被试产生足够的兴趣去参与测验。

> **本节小结**
>
> 本节主要介绍了测验的实施，包含测验的选择、测验的过程组织和实施、评分、测验结果解释和报告四个知识点。在测验实施部分需要重点掌握如何正确解释分数。

名词总结

心理测验编制的基本程序　　测验目的
命题双向细目表　　　　　　测验等值技术
标准化施测

第五章 心理测验项目分析

知识导读

在测验的编制过程中，需要对测验项目逐题地进行分析，明确每一道题目的品质，这就是项目分析（或试题分析），包括分析题目的难度和区分度。通过对项目的难度和区分度进行分析，明确试题的质量，可以更好地筛选和修订测验题目，可以提高测验的信度和效度。因此，本章首先介绍了测验项目难度的相关内容，包括难度的含义、计算方法、水平的确定以及难度的等距变换和难度对测验的影响；然后介绍了区分度的相关内容，包括区分度的含义、计算方法、难度的相对性，并对区分度与难度的关系进行了阐述；最后介绍了项目的综合分析和筛选。

在心理学考研中，本章中的难度和区分度是考查的重点，同学们要深刻理解难度和区分度的含义，并结合典型例题，掌握难度和区分度的计算方法，同时注意与心理测量基本理论知识的结合，这些知识点易在综合题中考查。

知识地图

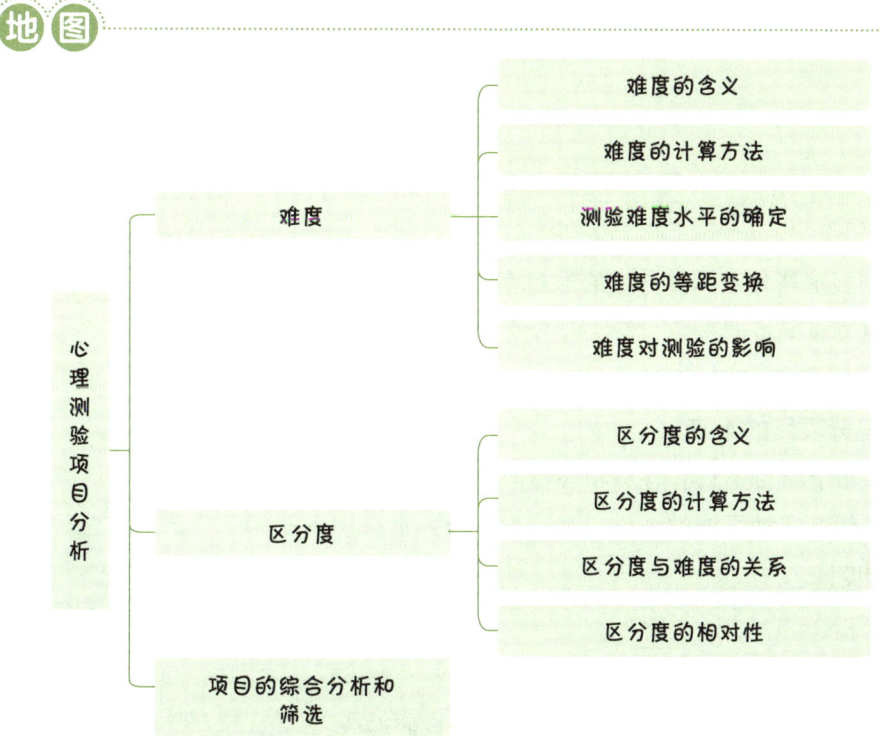

知识精讲

第一节 难 度

知识点 1 难度的含义 ★

1. 难度的含义

测验项目的难度是指被试完成测验项目任务时所遇到困难的程度。测验项目的难易程度通常用 P 来表示。 ≫ TIPS ①

知识点 2 难度的计算方法 ★★★

1. 二分法记分项目的难度

（1）通过率：即以答对或通过该项目的人数的百分比来表示。

$$P = \frac{R}{N}$$

式中，P 为项目难度；N 为全体被试数；R 为答对或通过该项目的人数。

（2）极端分组法

项目计分仍为 1 或 0，但人数较多时，可将被试按照测验成绩高低分为三组，分别计算出高分组（分数最高的 27%）和低分组（分数最低的 27%）的通过率，最后求两个通过率的平均值即项目难度。

$$P = \frac{P_H + P_L}{2}$$

或

$$P = \frac{1}{2} \times \left(\frac{R_H}{N_H} + \frac{R_L}{N_L} \right)$$

式中，P_H、P_L 分别表示高分组和低分组的通过率；R_H、R_L 分别表示高分组和低分组通过该项目的人数；N_H、N_L 分别表示高分组和低分组的人数。

2. 非二分法记分项目的难度

对于论述题，每个项目不只有答对和答错两种可能的结果，而是从满分至零分之间有多种可能的结果。对这类项目，常常用下面的公式来计算其难度：

$$P = \frac{\bar{x}}{x_{max}}$$

式中，$\bar{x}$ 为被试在某一项目上的平均得分；x_{max} 为该项目的满分。

TIPS ①

以通过率表示项目的难度时，如果大部分被试都能答对，通过人数越多，P 值越大，该项目的难度就小；如果大部分被试都不能答对，通过人数越少，P 值越小，其难度越大。所以，有人也称 P 值为容易度。考生要注意正确理解 P 值的含义。

3. 难度的矫正公式

①在**选择题**测验中，猜测的成功概率受项目备选答案数目（K）的影响（$P=1/K$），备选答案数目越少，猜测成功的可能性就越大，被试的得分将越高于他们的真实水平，根据难度的计算公式求出的难度就越不能反映项目的真实难度。可采用下式来对难度进行校正：

$$CP = \frac{KP-1}{K-1}$$

或

$$CP = P - \frac{Q}{K-1}$$

式中，CP 为校正后的通过率；P 为实际通过率；K 为备选答案数目；$Q=1-P$。

②若被试参加由多个项目所组成的测验，同样有必要对他们的得分进行校正，以求出能反映其真实水平的校正分数，可采用下式来对难度进行校正：

$$S = R - \frac{W}{K-1}$$

式中，S 为校正后的得分；R 为被试答对的项目数；W 为被试答错的项目数；K 为项目的选项数目。

知识点 3 测验难度水平的确定 ★★

进行难度分析主要是为了筛选项目，项目的难度水平多高才合适，取决于测验的目的与测验的性质。

1. 从测验目的出发

①对于**标准化常模参照测验**，测验的目的在于尽可能地区分被试的个体差异，要求测验结果能够将被试水平尽可能地拉开，此时**测验项目的难度值应尽量接近 0.50**。如果一个测验的大多数项目的难度范围为 0.30~0.70，测验就能够最大限度地获得有关个体间差异的信息。

②**对于标准参照测验**，测验的目的在于检测被试是否已达到教学目标规定的要求，**不必过多地考虑难度**。

③如果测验目的是选拔和录用人员，**项目的难度控制在接近录取率**，即较多地采用哪些难度值接近录取率的项目。

2. 从测验性质出发

①一般来说，速度测验的难度不宜太高，并且每个项目的难度值都应该基本相等；**难度测验则要求难度值为 0.50 左右**。

②无论是速度测验还是难度测验，都应该防止被试得满分，因为在这种情况下，施测者无法了解被试的最高水平。

知识点 4　难度的等距变换 ★★

难度指标属于顺序变量，不具有相等的单位，所指出的仅仅是项目的相对难度。顺序性这一点为做进一步的难度分析带来了困难，必须设法将它转换成等距量表。

» TIPS ②

①当样本容量很大时，测验分数将接近正态分布。此时，可以根据正态分布表，将试题的难度 P 作为正态曲线下的面积，转换成具有相等单位的等距量数，即 Z 分数。

②由于标准分数具有相等的单位，属于等距量表，因此用标准分数作为项目难度的指标，为进一步作难度分析带来了极大的方便。

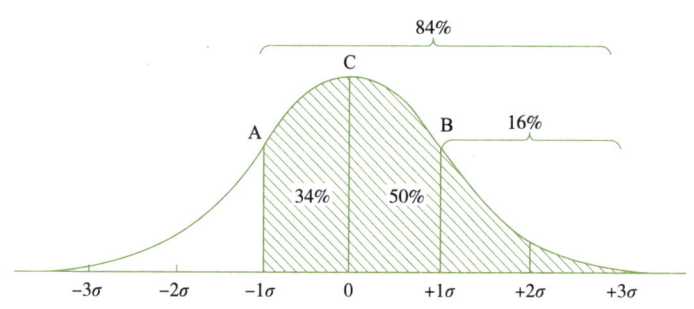

图 5-1　正态分面下通过率与 Z 值的关系

③但因为 Z 分数有小数点和负值，所以表示难度有不便之处，故在应用中通常将其转换成另一种单位的等距量表，较为常用的是美国教育测验服务中心采用的难度指标。

$$\Delta = 13 + 4 \cdot Z$$

式中，Δ 表示题目难度；Z 表示由 P 值转换得来的标准分数。

等距难度指数 Δ 以 25 为上限，1 为下限，平均数为 13，标准差为 4。**Δ 值越大，难度越高；Δ 值越小，难度越低。**

知识点 5　难度对测验的影响 ★

1. 测验的难度影响测验分数的分布形态

①**若测验项目的难度普遍较大**，被试的得分普遍较低，则测验分数集中在低分端，**分数分布呈现正偏态**。

②**如果测验项目的难度普遍较小**，被试的得分普遍较高，则测验分数集中在高分端，**分数分布呈现负偏态**。

③若被试的取样具有代表性，则中等难度的测验分数呈现正态分布。

2. 测验的难度影响测验分数的离散程度

过难或过易的测验会使测验分数相对集中在低分端或高分端，从而使得分数的全距缩小。而当难度集中在两端，既不是太难就是太易时，分数分布范围最小。

TIPS ②

例如，3 道试题的难度值分别为 0.60、0.70、0.80，我们只能说第一题最难，第二题次之，第三题最容易。虽然 3 道试题的难度分别相差 10%，但我们并不能说第一题与第二题的难度之差等于第二题与第三题的难度之差。

通过率无法指出难度之间的差异大小，我们必须设法将它转换成等距量表。我们知道，在正态分布中，平均数之上或之下一个标准差的距离约占全体人数的 34%。因此，从图 5-1 可以看出，如果在一个测验中项目的通过率为 84%（$P=0.84$），那么该项目的难度就在平均数以下的一个标准差位置，即难度为 -1σ；如果项目的通过人数只有 16%（$P=0.16$），则这个项目的难度为 $+1\sigma$；若恰好有 50% 的人通过（$P=0.50$），则该项目的难度为 0。

需要注意的是，P 值作为正态曲线下的面积时要从右往左而行。较难的项目难度为正值，较易的项目难度为负值，即 Z 值越大，难度越高。

> **本节小结**
> 本节介绍了项目分析的基本内容。首先介绍了难度的含义及计算方法、测验难度水平的确定、难度的等距变换以及难度对测验的影响。

第二节　区分度

知识点 1　区分度的含义 ★

①区分度是指测验项目对被试心理品质水平差异的区分能力，也称鉴别力。

②具有良好区分度的项目能将不同水平的被试区分开来，即在该项目上水平高的被试得高分，水平低的被试得低分。所以，测量专家把试题的区分度称为测验是否具有效度的"指示器"，并作为评价项目质量、筛选项目的主要指标与依据。

③区分度（D）的取值范围为 -1.00~$+1.00$。D 为正值，称作积极区分；D 为负值，称作消极区分；D 为 0，称作无区分作用。具有积极区分作用的项目，其 D 值越大，区分的效果越好。

知识点 2　区分度的计算方法 ★★★

1. 项目鉴别指数法

项目鉴别指数法较适合二分法记分的测验项目。

（1）鉴别指数的计算

当测验总分是连续变量时，可以从分数分布的两端各选择 27% 的被试，分别称其为高分组和低分组，计算出高分组和低分组各自在项目上的通过率，两者之差就是鉴别指数，即

$$D = P_H - P_L$$

式中，P_H 与 P_L 分别为高分组与低分组在该项目上的通过率。

根据美国测验专家伊贝尔（Ebel）提出的用鉴别指数评价试题性能的标准，D 值在 0.20 以下，题目评价差，必须淘汰；D 值在 0.20~0.29，题目评价尚可，需要修改；D 值在 0.30~0.39，题目评价良好，修改会更好；D 值在 0.40 及以上，题目评价很好。

（2）极端组的划分

一般情况下，是根据效标成绩或测验总分将被试排队，取 27% 的高分端被试组成高分组，另外 27% 的低分端被试组成低分组，其余 46% 的被试可以不作分析。　　　　　　　　　　　》TIPS ①

使用极端分组法主要是为了计算方便，但是这种方法只利用了一部分资料，浪费了很多信息，所以统计结果比用全部资料计算的

TIPS ①　当分数是正态分布时，这种分配方法很有效，它既可以使两个对比组间的差异尽可能大，又可以使两组人数尽可能多。

准确性差一些。

当项目与效标之间是直线关系时，这种分组法对结果的准确性来说影响不大；但是当项目与效标之间并非直线关系时，使用极端分组法会丧失许多有价值的信息，甚至可能得出错误的结论。

2. 相关法

相关法以项目分数与效标分数或测验总分的相关性作为项目区分度的指标。相关性越高，项目区分度就越高。

（1）点二列相关

点二列相关的适用项目是 0、1 记分（或二分变量），而效标分数或测验总分是连续变量的数量资料。其计算公式为

$$r_{pb} = \frac{\overline{X}_p - \overline{X}_q}{S_t}\sqrt{pq}$$

或

$$r_{pb} = \frac{\overline{X}_p - \overline{X}_t}{S_t}\sqrt{\frac{p}{q}}$$

式中，r_{pb} 为点二列相关系数；$\overline{X}_p$ 为通过该项目被试的平均效标分数；$\overline{X}_q$ 为未通过该项目被试的平均效标分数；$\overline{X}_t$ 为全体被试的平均效标分数；p 为通过该项目被试人数的百分比；q 为未通过该项目被试人数的百分比；S_t 为全体被试的效标分数的标准差。

（2）二列相关

二列相关适用于连续的测量变量，但其中一个变量因为某种原因被人为地分成两类。其计算公式为

$$r_b = \frac{\overline{X}_p - \overline{X}_q}{S_t} \cdot \frac{pq}{y}$$

或

$$r_b = \frac{\overline{X}_p - \overline{X}_t}{S_t} \cdot \frac{p}{y}$$

式中，r_b 为二列相关系数；$\overline{X}_p$、$\overline{X}_q$、p、q、S_t 的意义同点二列相关系数公式的说明；y 为正态分布下 p 与 q 分割点正态曲线的高度。

（3）φ 相关

φ 相关适用于两个变量都是二分名义变量。在有些情况下，一些连续变量也可以用此方法计算相关程度。φ 相关不要求变量呈正态分布，所求指标为 φ 相关系数。

$$r_\varphi = \frac{ad - bc}{\sqrt{(a+b)(a+c)(b+d)(c+d)}}$$

式中，r_φ 为 φ 相关系数；a、b、c、d 分别为四格表中四项所包含的人数。

（4）积差相关

对于得分具有连续性、被试团体较大的测验题目，可以认为项目分数服从正态分布，即可使用项目得分与效标分数求得积差相关系数。

知识点 3　区分度与难度的关系 ★★

为了保证大多数测验题目和整个测验都具有较高的区分度，题目的难度分布最好呈正态分布。

难度 P 越接近于 0.5，项目的潜在区分度越大，而难度 P 越接近于 1 或 0，项目的潜在区分度越小。这也就是人们在常模参照测验中，要求项目保持中等难度的原因之一。

知识点 4　区分度的相对性 ★

1. 心理测验题目区分度的影响因素

具体区分度数值会受到以下几个方面的影响。

①不同的计算方法，所得区分度值不同。

在分析同一个测验时，各个项目的区分度值要采用同一种指标，否则不便于分析比较。

②样本容量大小影响相关法区分度值的大小。

一般来说，样本容量越小，其统计值越不可靠。所以在运用相关法计算出 r 值后，不能仅从数值大小判断试题的优劣，而应运用统计显著性检验法，检验区分度值是否显著。

③分组标准影响鉴别指数值。

极端组划分的标准不同，求得的区分度值也不同。分组越极端，其 D 值越大。通常取 27% 作为极端组划分的标准。

④被试样本的同质性程度影响区分度值的大小。

被试团体越具有同质性，即个体之间水平越接近，其试题的区分度值就越小；对另外一同质团体来说区分度很小的项目，若将其施测于具有较大异质性的被试团体，也可能具有很高的区分度。另外，区分度也是相对于不同水平的被试团体而言的。

因此，在评价项目的有效性时，应考虑到测验的目的、功能以及被试团体的总体水平，不能将区分度值作为筛选试题的绝对标准。

> **本节小结**
>
> 本节介绍了区分度的含义及计算方法、区分与难度的关系以及区分度的相对性。

第三节 项目的综合分析和筛选

知识点 1　项目的综合分析和筛选 ★

1. 按照难度和区分度公式，分别计算出项目难度和区分度

（1）难度

项目难度值在 0.35~0.65 最好。对整个测验来说，难度为 0.5 的题应占多数，也需要有一些偏简单和偏难的题，平均难度为 0.5 最好。

（2）区分度

①低区分度的题目不能有效鉴别被试；一般来说，0.3 以上是比较好的。

②另外，考虑到区分度的相对性、评价项目的有效性时，应考虑到测验的目的、功能以及被试团体的总体水平，不能将区分度作为筛选试题的绝对标准。

2. 选项分析

①比较高分组（分数最高的 27%）、低分组（分数最低的 27%）在测题不同答案上的反应，即选项分析。

②选择项的反应模式的异常情况主要有：正确选项被高分组和低分组中所有的被试选择了，某个错误选项没有被高分组和低分组中任何被试选择；高分组和低分组中所有被试都选择了同一个错误答案，高分组对正确答案的选择与低分组相等或者低于后者等，并对这些异常情况进行原因分析。

3. 不随意丢弃项目

在修改、筛选项目时，应该慎重考虑，不要随意丢弃任何项目，原因如下。

①用内部一致性分析所求得的鉴别力不一定能代表试题的效度。

②鉴别力指数低的试题不一定表示该试题有缺点。

③课堂测验的项目分析资料的有效性是随时空而变化的，并非固定不变。

④有研究表明，编制新的项目需要的时间约比修订现存项目长 5 倍。另外，如果做因素分析，还要看题目的负荷量与题目间的相关，某个因素中题目过少的，也要进行删除；题目的筛选也要考虑量表的长度，一个测验的长度应该根据测验的时限、对象的年龄、测验的性质而定。

> **本节小结**
> 本节对项目的综合分析进行了简单介绍。在题目的筛选过程中，要看区分度，要考虑难度，要进行选择分析，不随意丢弃项目，修改选项和题目。

名词总结

难度

极端分组法

相关法

项目的综合分析和筛选

通过率

区分度项目鉴别指数法

区分度的相对性

第六章 测验常模

知识导读

从测验中直接获得的原始分数本身不具有多大意义，需要与一定的参照体系比较才能确定。在常模参照测验中，解释测验分数的关键在于测验的常模，因此本章第一节对常模相关内容进行了概述，包括常模的含义、常模团体以及常模的编制、常模参照测验的含义与意义，常模为解释测验分数提供了依据。为了更精确地确定个体的确切位置，原始分数被转化为一些导出分数，因此，本章第二节介绍了分数的转换与合成，对常用导出分数进行了详细介绍。因此，本章第三节对常模参照测验分数的解释与应用进行了介绍，全面介绍了常用的发展常模和组内常模，为科学、有效地使用心理测验提供了一个理论框架。

在心理学考研中，本章是考查重点，无论是单选题或多选题，还是简答题都有涉及；同学们要理解并掌握常模和常模团体的含义，理解并记忆常模的编制；对于分数的转换过程涉及运算，同学们应该多结合习题进行分数转换的计算，做到真正理解并会运用；分数合成的方法常以选择题的形式进行考察，判断属于哪种合成方法，所以对比较经典的测验或测试类型的例子，同学们要了解，并理解每种合成方法的含义。

知识地图

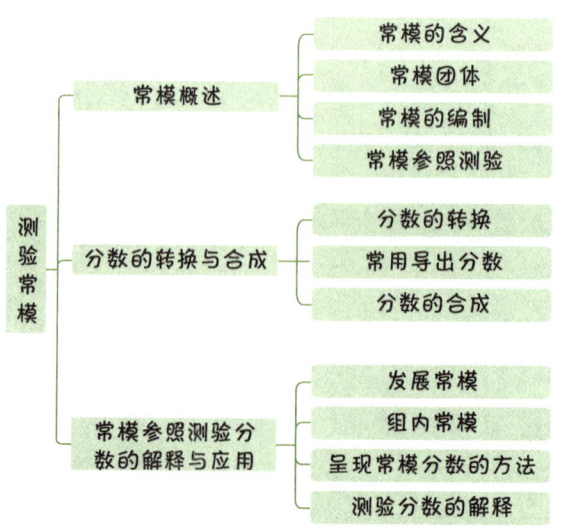

第一节　常模概述

知识点 1　常模的含义 ★

①常模是指把标准化样本在标准化测验上的测验结果进行一定的统计处理后建立起来的有参照点和单位的参照系统。

②标准化样本是指有代表性的足够大的样本，标准化测验是指测验具有标准化的指导语、计分方法、结果解释及分数报告。

③常模参照是一种相对标准，通过这个标准，个体可以知道自己在某团体中所处的位置。

知识点 2　常模团体 ★★★

1. 常模团体的含义

常模团体是由具有某种共同特征的人所组成的一个群体，或是该群体的一个样本。由于同一个测验适用于不同的团体，因此常模的确定和解释必须考虑到常模团体。

2. 常模团体的确定

一般而言，常模团体的确定要注意以下几点。

①明确群体的界限，即要清楚说明所测群体的性质和特征。

②群体必须具有足够的代表性，这就要求采用统计学的方法进行随机化抽样。

③取样过程应做详细的描述，以防测验使用者因错误操作导致对测验结果的不科学解释。

④样本大小的确定要考虑到总体数目、群体性质、测验结果的精确度等。

⑤要跟随时代的发展，选取近时的常模团体，适当地修订测验常模。

⑥当对特殊群体的测验结果进行解释时，要注意一般常模与特殊常模的结合使用。

知识点 3　常模的编制 ★★

编制常模通常需要解决三个主要问题：确定常模团体；对常模团体施测得到测验分数；把原始分数转化为量表分数。编制常模具体需经历以下基本步骤。

1. 确定测验将来所要运用的总体

如果群体成员的身份没有明确界限，则由该群体得出的常模是不可靠的。

TIPS 1

例如，某学生的高考成绩是 560 分，这个分数的意义是高等、低等还是中等，必须通过与所有其他考生的分数做比较，这样才可以了解它所代表的能力水平。假定今年全体高考的平均分数（常模）为 530 分（标准差为 50 分），我们便可以知道，该学生的成绩处于中等水平。任何原始分数都不能直接让我们了解受试者的能力水平和其拥有的特质的情况，因此，为了使测验分数成为有意义的数值，必须首先建立常模。

TIPS 2

为了建立测验的常模，必须从该测验将来适用对象的总体中抽取一个具有代表性的样本先行试测，以这个样本中每个受试者所得到的测验分数作为编制测验的依据。

TIPS 3

用来做比较的参考团体称为常模团体，常模团体的分数分布即常模。

2. 根据测验群体选定最基本的统计量

统计量有平均数、标准差、百分等级等。

3. 决定抽样误差的允许界限

抽样误差的允许界限平均数的抽样误差等。

4. 设计具体的抽样方法

保证将抽样误差控制在特定的范围内，根据选定的抽样方法，估计出所需的最小样本容量。在此基础上对该群体进行抽样，得到常模团体。

5. 对常模团体施测

对常模团体施测，获得团体成员的测验分数及分数分布，并计算样本统计量及其标准误等。

6. 确定常模分数类型，制作常模分数转换表（常模量表）

7. 编写常模化过程和常模分数的书面指导材料

重点包括抽取常模团体的书面说明以及常模分数的解释指南等。介绍常模研究结果应重点说明以下几点。

①必须对测验所要测量的总体进行具体说明。

②必须写明常模样本抽取的具体方法，包括详细的抽样计划，抽样过程中原先抽样单元中拒绝或没有反应的人数及其所占比例，并解释这种拒绝对结果从样本到总体的概化力可能产生的影响。

③详细介绍常模样本的样本统计量，如平均数、标准差等，同时报告这些样本估计值的精确度，如平均数的标准误，以及不同置信水平下平均数的置信区间等。

④必须对各种分数的意义做详细解释，对由转换表得到的各种常模分数予以适当说明。

知识点 4　常模参照测验 ★

1. 常模参照测验的含义

常模参照测验即用常模作为解释个人测验分数的参照标准的一种测验。常模参照测验并非指测定何种行为特质的测验，而是一种对测验结果进行解释的方式。凡用这种方式来解释测验分数者，均称为常模参照测验。

2. 常模参照测验的意义

（1）常模参照测验的目的是区分受试者在能力、知识方面的个别差异，在解释测验分数时，主要是表示受试者在团体中所处的相对位置（或名次），借以了解受试者成绩的高低。

（2）常模参照测验适用于区分成绩水平之用，若测验的目的是衡量学生是否达到最高成绩，此时运用常模参照测验有助于为学生提供一些竞争性的咨询。

TIPS ④

常模参照测验也有其局限性，如它的结果不能说明学生是否准备好了学习更高级的内容；对测量情感目标也不是非常适合，在情感领域中，态度和价值观是个体特征，个体之间不适合进行相互比较。此外，常模参照测验倾向于鼓励竞争和比较分数，一些意识到不可能成为最优秀的学生便去与最差的做比较，从而不再积极进取。

本节小结

本节主要介绍了常模的含义、常模团体、常模的编制和常模参照测验。常模是一种分数分布结构；常模团体是抽样的样本；常模团体选择标准就是要求提供样本的代表性和实测团体的同质性；常模的编制首先要确定常模团体，然后进行实测，最后进行分数的转换。

第二节　分数的转换与合成

知识点 1　分数转换的含义 ★

1. 分数转换的含义

分数的转换是指将原始分数按照一定的规则转换成具有<u>一定参照点和单位</u>，可以进行相互比较的导出分数的过程。

（1）原始分数

指根据测验的记分标准，对照被试的反应所计算出的测验分数。它反映了被试作答的正确程度，但不能直接反映出被试之间的差异状况和被试在总体分布中的位置。

（2）导出分数

在原始分数转换的基础上，按照一定的规则，经过统计处理后获得的具有一定参考点和单位，且可以互相比较的分数，分<u>常模参照分数和标准参照分数，具有等值、等单位、有参照点和有意义</u>等特点。

知识点 2　常用导出分数 ★★★

常用的导出分数有百分等级分数和标准分数等。

1. 百分等级分数

（1）百分等级分数的含义

百分等级分数是指一次测验中得分低于这个分数的人数的百分比，用 P_R 表示，P_R 越大，表示测验分数越高。

（2）百分等级分数的计算方法

①未分组分数资料：对未分组的原始分数的百分等级的计算，需先将原始分数从大到小排列之后才能计算，其计算公式如下：

$$P_R = 100 - \frac{100R - 50}{N}$$

式中，R 为原始分数的排列名次；N 为被试样本总数。　

②分组分数资料：如果被试团体较大，往往已对分数做过初步整理，分数资料通常以次数分布表的形式呈现，此时可采用下述公式求得百分等级：

TIPS ①

若某被试在一次由50人参加的成绩测验中得了80分，排名第九，则被试成绩的百分等级为 $P_R = 100 - \frac{100 \times 9 - 50}{50} = 83$。其百分等级为83，也就是说，比80分低的原始分数占全体被试的83%，比其高的只占17%。

$$P_R = \frac{100}{N} \times \left[\frac{(X-L_b)f}{i} + F_b\right]$$

式中，N 为被试样本总数；X 为被试原始分数；L_b 为 X 所在组的下限；f 为 X 所在组的次数；F_b 为原始分数低于 X 所在组的各组次数之和；i 为组距。

（3）百分等级分数的优缺点

①优点：百分等级是一种相对位置量数，具有可比性；易于计算，解释方便；适用于不同的对象和性质不同的测验；不受原始分数分布状态的影响。

②缺点：不具有可加性；单位不等，相同的分数差异的实际差异大小可能不同；百分等级只具有顺序性，无法用它来说明不同被试之间分数差异的数量；百分等级是相对于特定的被试团体而言的，解释时不能离开特定的参照团体。　　　　　　　» TIPS ②

2. 标准分数　　　　　　　　　　　　　　　　　　» TIPS ③

（1）标准分数的含义

标准分数又称 Z 分数，是将原始分数与平均数的距离以标准差为单位表示出来的量数。其因基本单位是标准差而得名。

（2）标准分数的分类

标准分数可以通过线性转换，也可以通过非线性转换得到。由此，标准分数可以分为两类。

①线性转换的标准分数

根据标准分数的定义，可以通过下式将原始分数直接转换成标准分数：

$$Z = \frac{X - \bar{X}}{S}$$

式中，X 为原始分数；$\bar{X}$ 为原始分数的平均数；S 为原始分数的标准差。

Z 分数有大小和方向，大小表示原始分数与平均数之间的距离，方向表示与原始分数在平均数之上还是之下。

②正态化的标准分数　　　　　　　　　　　　　　» TIPS ④

当两个原始分布形态不相同时，可进行非线性转换，将非正态分布的分数强制性地扭转成正态分布，具体做法：首先将每个原始分数转换为百分等级，然后使用正态分布表，将对应的百分等级直接看成正态分布曲线下的面积值，找出所对应的 Z 值。通过这种方式得到的分数叫作正态化的标准分数。

正态转换的前提是测验所测特质的分数分布呈正态，实际测验

TIPS ②

由于原始分数的分布都呈正态，中间的人数比较多，因此中间部分分数上的微小差异表现在百分等级上可能会差别很大，而两端的人数比较少，即使分数相差很大，但百分等级却相差不多。例如，99百分等级与94百分等级，55百分等级和50百分等级，同样相差5个百分等级，但实际分数的差别，前者可能相差10分，后者可能只差1分。

TIPS ③

百分等级是顺序量表，为了对测验结果做统计分析，常常需要将原始分数转换成具有相等单位的间隔量表，标准分数就是最常用的等距量表。

TIPS ④

将原始分数转换成导出分数的原因之一，是为了使不同测验中的分数能够进行比较。但是，用线性转换导出的标准分数只有在分布形态相同或相近时才能进行比较。若两个分布的偏斜方向不同，或一个为正态，另一个为偏态，那么相同的标准分数可能代表不同的百分等级，因此对两个测验分数仍无法比较。为了能将来源于不同分布形态的分数进行比较，可使用非线性转换，将非正态分布转换位正态分布。

分数所得的偏态分布是由误差或测验缺陷造成的。

（3）标准分数的变式　　>> TIPS ⑤

TIPS ⑤

由于 Z 分数常常带有小数和出现负值，使用起来不便也容易出错，因此出现了一些变式。

① T 分数：最早由美国测量学家麦柯尔提出，其平均数为 50，标准差为 10。

$$T = 10 \cdot Z + 50$$

② 美国大学入学考试委员会使用的标准分数，即 CEEB 分数：平均数为 500，标准差为 100。

$$CEEB 分数 = 100 \cdot Z + 500$$

③ 韦氏智力测验采用的离差智商分数：平均数为 100，标准差为 15。

$$IQ = 15 \cdot Z + 100$$

④ 我国英语水平测试 EPT 分数：平均数为 90，标准差为 20。

$$EPT 分数 = 20 \cdot Z + 90$$

⑤ 标准九分数：将原始分数分成几个部分的标准分数系统。

若原始分数服从正态分布，则将正态曲线下的横轴分成九段，以 0.5 个标准差为单位，最大的一端为 9，最小的一端为 1。除两端外，每段均有半个标准差。

根据每个标准九所占的位置与包含的百分等级的对应关系表可以推出原始分数的标准九分数，从而进行比较。

若原始分数不服从正态分布，先将其转化为百分等级，然后按照上述方法即可完成标准九分数的转换。

（4）标准分数变式的评价

常见的标准分数变化形式都是以 Z 分数为基础进行线性变换而来的。它们具有以下优点。

① 具有等单位特点，便于进一步进行统计分析工作。

② 在正态分布下，可以利用正态分布表将各种导出分数与百分等级分数进行换算。

③ 在正态分布下，运用某种变式分数可以将几个测验上的分数做直接比较。即使是非正态分布，也可运用由正态化的标准分数转换而得的变式进行直接比较分析。

关于变式分数的缺陷，主要归纳为以下两点：分数过于抽象，不易理解，正如麦柯尔的 T 分数那样不为一般人所熟悉；在非正态分布下，分布形态不同的变式分数，仍然不可以做相互比较，也不能相加求和。

（5）几种导出分数间的相互关系

在心理与教育测量中，由于被试群体较大，所测特质的得分分

布形态一般都能保持正态或近似正态。在正态分布下，各种导出分数之间的关系如图6-1所示。 >> TIPS ⑥

从图6-1可以看出，Z分数1相当于T分数60、CEEB分数600、离差智商115。

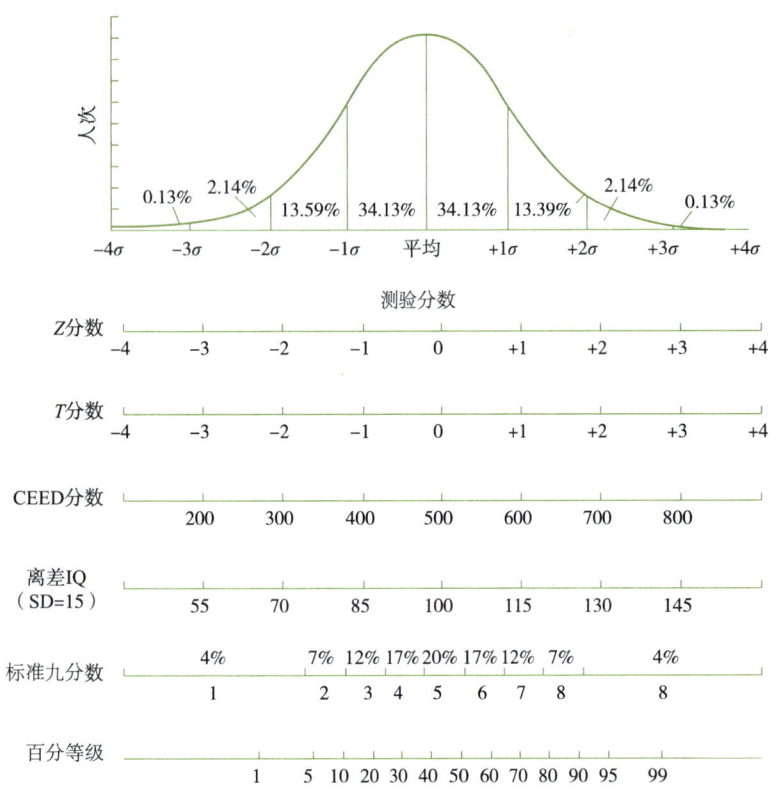

图6-1 常用导出分数的对应关系

知识点 3 分数的合成 ★★★

1. 分数的合成的含义

分数的合成是指将几个分数或几个预测源组合起来，以获得一个合成分数或作总的预测。具体包括：

（1）**项目的组合**：每个测验由许多独立的项目组成。把各个项目的分数进行合成以得到测验总分。

（2）**分测验或量表的组合**：有些测验是由几个分测验或分量表组成的，每个分量表均有个分数，这些分数可以组合到一起得到一个合成分数。

（3）**测验或预测源的组合**：在作实际决定时，常常将几个测验或预测源同时使用。比如说大学录取新生，就是将各科测验分数与其他成绩合成后作为录取依据的。

2. 分数的合成方法

常用的分数的合成方法如下。

（1）临床诊断

临床诊断即根据经验对测验分数做直觉的组合。这种方法具有较大的主观性，操作者需经过专门的训练且有丰富的经验。

（2）加权求和

加权求和即根据测验分数及其所占的权重进行分数的合成，其中权重通常采用抽象推理和统计学方法来确定。

（3）多重回归

多重回归是研究一种事物与另一事物在数量上的关系，利用一种事物对另一事物做出估计的方法。其前提是所测特质间具有某种程度的互偿性，预测源与效标间有线性相关且都是连续型数据，可以同时取得两种数据。　　　　　　　　　» TIPS ⑦

例如，根据高考各科成绩预测在大学一年级末的学业成绩等。此时，需对测验结果和效标测量做多重回归分析，求出效标估计与预测变量之间的数量关系式。

（4）多重划分

多重划分是当所测特质间不具有互偿性，对测验目标同等重要时使用的一种方法。为保证测验效率，应将最有效的分测验放在最前面。由于每个被试必须通过所有测验才算成功，因此这种方法又称"连续栅栏"。　　　　　　　　　» TIPS ⑧

例如，对招收飞行员的筛选，其中任何一项检测不合格都不能被录取。多重划分就是在各个特质上都确定一个标准，从而把成绩划分为合格与不合格两类。

本节小结

本节主要介绍了分数的转换、常用导出分数以及分数的合成。分数的转换是将原始分数转换成导出分数的过程；常用的导出分数包括百分等级分数和标准分数等。分数的合成是将几个分数合成一个分数做总预测的过程；常用的分数合成方法包括临床诊断、加权求和、多重回归和多重划分等。

第三节　常模参照测验分数的解释与应用

测验的常模一般可分为两类：一类是发展常模量表，另一类是组内常模量表。

知识点 1　发展常模 ★★

1. 发展常模的含义

发展常模是指将个人在某个测验上的成绩与各种发展水平的人的平均成绩进行比较，从而明确所处的发展水平。

2. 发展常模的种类

常用的发展常模有年龄常模和年级常模。

（1）年龄常模

根据每个年龄水平制定适当的项目，就可以得到一个可评价儿童智力发展水平的年龄量表。

年龄常模最大的优点是易于理解与解释，并可以与同年龄团体进行直接比较，常被运用于一些发展心理学的研究中。但必须注

意 年龄常模的单位不是等单位的，而是随着年龄的增长而缩小的。

>> TIPS ①

（2）年级常模/年级当量

年级常模是指把学生的测验成绩与各年级学生的平均成绩做比较，看相当于几年级的水平。它与智力年龄的不同在于划分组别的标准不是年龄而是年级。年级当量主要用于学业成就测验上。 >> TIPS ②

（3）顺序量表

顺序量表是为了检查婴幼儿心理发展是否正常而设计的，它以婴幼儿代表性行为出现的时间为衡量标准。 >> TIPS ③

最早的发展顺序量表是由美国儿童心理学家格塞尔设计的，量表以月份表示婴幼儿的运动、适应性、语言和社会性所应达到的水平。

（4）发展商数

用两个分数的比率制定的量表是发展商数。发展商数主要包括：

①比率智商

推孟在斯坦福-比奈量表中采用了智商（比率智商）的概念，智商被定义为智龄与实际年龄之比，为避免出现小数，将商数乘以100。其公式为

$$IQ = \frac{智力年龄}{实际年龄} \times 100 = \frac{MA}{CA} \times 100$$

②教育商数

教育商数（EQ）与智商类似，为教育年龄（EA）与实际年龄（CA）之比。其公式为

$$EQ = \frac{教育年龄}{实际年龄} \times 100 = \frac{EA}{CA} \times 100$$

③成就商数

成就商数（AQ）是将一个学生的教育成就与其智力做比较，即教育年龄与智力年龄（MA）之比。

$$AQ = \frac{教育年龄}{智力年龄} \times 100 = \frac{\frac{教育年龄}{实际年龄}}{\frac{智力年龄}{实际年龄}} = \frac{教育商数（EQ）}{智力商数（IQ）} \times 100$$

3. 发展量表的优缺点

（1）发展量表的优点

①以年龄或年级当量作为单位来报告分数易于理解。

②方便与同辈团体进行直接比较。

③为个人自比与纵向研究提供了基础。

（2）发展量表的缺点

①只适用于所测的特质随年龄或年级系统变化的情况。

例如，1908年修订的比奈-西蒙量表中开始用年龄作单位来度量智力。一个儿童在年龄量表上所得的分数就是最能代表他的智力水平的年龄，这种分数叫作智力年龄（心理年龄），简称智龄，这是典型的年龄常模。

例如，一个学生测验成绩与五年级学生的平均成绩相同，则他的年级当量数是五年级（无论他是不是五年级学生）。也就是说，这个学生在学业上的发展达到了五年级水平。

瑞士儿童心理学家皮亚杰对儿童的守恒概念进行研究，发现不同的守恒认识（如质量、容量等）都出现在相对固定的年龄。他的研究成果被编制成标准化的发展顺序量表。

②只适用于在典型环境下成长的儿童。

③量表的单位在各年龄与年级并不相等。

④获得同样的分数不一定具有相同的智力或学业水平。

知识点 2　组内常模 ★★

1. 组内常模的定义

组内常模是指某个被试群体在某种测验所测特征上的一般表现水平的常模资料，可以反映每一个被试在其同类群体中的相对位置。

2. 组内常模的种类

（1）百分等级常模

百分等级常模是基于某个常模团体，在原始分数与百分等级之间利用转换表建立起关系的一种群体内常模。

（2）标准分数常模

标砖分数常模是将个体的原始分数转化为某种标准分数，从而确定个体在常模团体中所处位置的一种群体内常模。

知识点 3　呈现常模分数的方法 ★

1. 分数转换表

分数转换表也称常模表，是最基本的呈现常模资料的方法。

（1）转换表的要素

原始分数系列；与每个原始分数对应的导出分数（百分等级、标准分数等）；常模团体构成的描述。

（2）分类

①简单的转换表

简单的转换表是指将单个测验的原始分数直接转换成一种或几种导出分数。

②复杂转换表

a. 将来自几个分测验或来自成套测验的各个测验的原始分数和导出分数呈现在一张转换表上。

这种量表的优点是可以直接比较一个人在各种测验或分测验上的成绩；但要求资料必须来自同一个常模团体，否则分数不能直接比较。

b. 将不同团体在一个测验上的分数呈现在一张转换表上。

由于它呈现了不同团体的导出分数，因此不但可以将一个人的分数与几个有关常模团体同时比较，而且还允许对几个不同团体做比较，但要注意的是，各个团体的测验分数必须在同样的情况下（如样本大小、应试动机等一致）获得。

2. 剖析图

剖析图是把一套测验中几个分测验的分数用图表（图形）表示出来的方法。

从剖析图上可以很直观地看出被试在各个分测验中的表现及其相对应的位置。

需要注意的是，使用剖析图做解释，要求各个分测验所使用的必须是同一个常模团体，否则无法进行比较。

3. 正态百分位图表

正态百分位图表实际上也是一种剖析图。图表上的分数以百分等级来表示，分数轴的距离以标准分数为单位。

正态百分位图表把标准分数与百分等级结合起来使用，具有二者双重的优点，因此是一种最好的呈现测验结果的方法。

在这种图表上，百分等级的差别在中央比较小，在两端较大，正确了反映原始分数的分布，因而测验使用者就不会过分解释分布中央的微小差异。

知识点 4 测验分数的解释 ★

1. 解释测验分数意义需遵循的原则

①主试应充分了解测验的性质和功能

②对导致测验结果的原因的解释应慎重，谨防片面、极端。

③必须充分估计测验常模和效度的局限性，一定要从最相近的团体、最匹配的情境中获得资料，

④解释分数应参考被试的人口统计学变量等其他有关资料，

⑤应将测验分数视为"分数段"或范围，而不应视为一个确定的点值。

⑥对来自不同测验的分数不能直接进行比较。

2. 向受测者报告测验分数应遵循的原则

①使用受测者所能理解的语言

②保证受测者知道这测验测量或预测什么。

③告诉受测者分数解释的参照体；

④告诉受测者分数不是一个精确的值。

⑤分数只是决策的依据，而不是决策本身。

⑥充分估计分数可能会给受测者造成的影响。

⑦测验分数应向无关的人员保密。

⑧对低分者的解释应谨慎小心。

⑨提供适当的引导和咨询服务

> **本节小结**
>
> 本节首先介绍了发展常模、商数和组内常模；然后介绍了呈现常模分数的方法，最后对测验分数的解释进行了介绍。测验的常模一般可以分为两类：发展常模和组内常模。发展常模是把受试者的成绩与不同发展水平的人进行纵向比较，包括年龄常模和年级常模。组内常模是在与受试者同质的团体内进行横向比较，主要有百分等级常模与标准分数常模两种。

名词总结

常模	常模团体	常模的编制	常模参照测验
分数的转换	百分等级分数标准分数		T 分数
标准九分数	分数的合成	"连续栅栏"发展常模	
商数	百分等级常模	标准分数常模	分数转换表
剖析图	测验分数的结果解释		

第七章　标准参照测验

常模参照测验只能描述被试在团体中的相对位置，无法说明被试对测验内容所达到的绝对水平，由此标准参照测验（也称目标参照测验）应运而生。本章第一节介绍了标准参照测验的含义与作用，以及标准参照测验与常模参照测验的区别。标准参照测验同样需要对项目进行分析以及信度与效度进行估计，因此本章第二节和第三节分别介绍了标准参照测验的项目分析和相应信效度的估计。在标准参照测验中，只看被试成绩是否达到预定标准，标准的设定是关键，因此本章第四节全面介绍了常用标准设定方法。在测验结束之后，如何根据测验结果对分数进行解释也是关键的一环，因此本章第五节对标准参照测验的分数解释进行了介绍。

在心理学考研中，本章内容相对考察比较少，主要以单选题的形式进行考察，但也常会与其他章节联合考察，同学们要注意与常模参照测验进行对比学习。

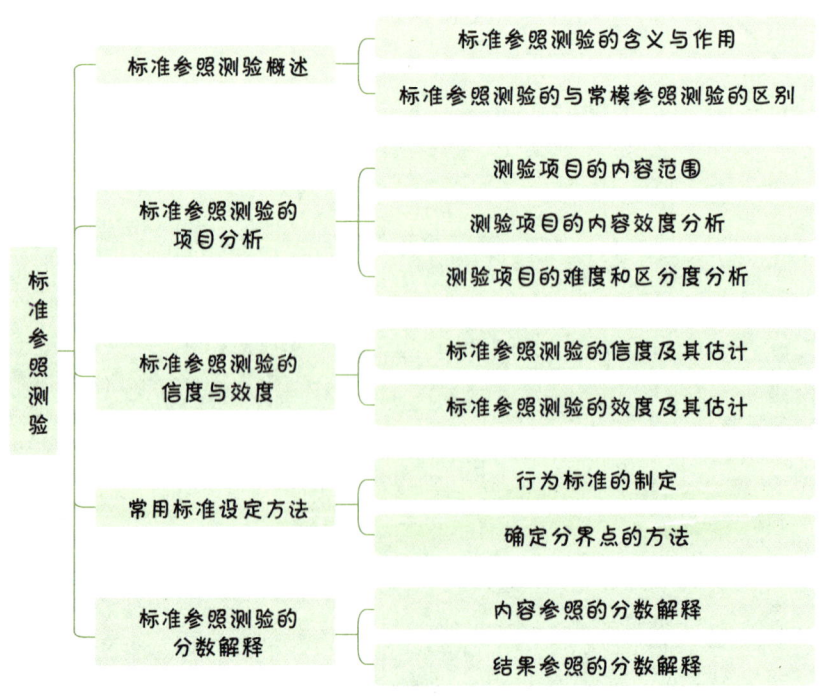

知识精讲

第一节 标准参照测验概述

知识点 1 标准参照测验的含义与作用 ★

1. 标准参照测验的含义

标准参照测验又称目标参照测验，是根据某一明确界定的内容范围而缜密编制的测验。被试在测验中所得结果也是根据某一明确界定的行为标准直接进行解释的。

标准参照测验主要包括两方面重要的界定。

（1）内容范围　　　　　　　　　　　　　》》 TIPS ①

内容范围是指必须对所要测量的内容范围做出清晰的界定，并给出严格的操作定义。测验题目的选择限制在这样的内容范围之内。

（2）行为标准　　　　　　　　　　　　　》》 TIPS ②

标准参照测验的目的一般在于了解被试在某一行为领域的绝对水平，从而判定他是否达到了从事此项行为的最低标准。因此，行为标准是用于解释分数是否达到标准的"分界线"。

2. 标准参照测验的作用 》》 TIPS ③

标准参照测验的作用是了解个体在某一领域的绝对水平，考察其是否掌握了某领域特定的知识和技能，是否达到了预先规定的标准。

知识点 2 标准参照测验与常模参照测验的区别和联系 ★

1. 区别

（1）两种测验的目的不同

①常模参照测验主要就测验所测试的内容领域，对被试进行比较分析，以判明被试在其团体中所处的相对位置及发展水平。

②标准参照测验的目的是评定被试对明确规定的一组能力或行为领域的掌握水平。

（2）对题目统计量的考虑不同

①在常模参照测验中，题目的难度和区分度在题目筛选和测验编制过程中起重要作用。

②对标准参照测验，只有当发现题目的内容及测量目标不符合测验的内容领域规范或题目统计量（如区分度）有严重缺陷时，题目才会被删除。

（3）内容领域规范的详略不同

在能力或成就测验方面，尽管常模参照测验和标准参照测验的设计均要准备测验的详细计划或领域规范表，但常模参照测验的行

TIPS ①

例如，对一年级的数学成绩编制标准参照测验就要以一年级数学教材作为内容范围，不能超过该范围。

TIPS ②

例如，中学会考的目的在于判断考生是否达到了中学毕业所要求的最基本的知识技能水平，驾照考试各科目必须达到90分才算通过等。

TIPS ③

标准参照测验的局限性在于标准参照测验测量的是具体目标的掌握情况，但是许多目标不能再细化为一组具体目标。此外，"标准"在标准参照测验中很重要，但是很多时候，标准带有很大的主观性。

为目标领域规范说明书的概括性相对来讲较高，涉及的具体内容通常是开放性的、难以全部罗列讲来的。而标准参照测验则对内容领域规范要求做出详尽的说明。

（4）对测验分数的推断不同

①一般来说，常模参照测验的分数解释及推断几乎完全限制在该测验所测的行为领域中，而对超出测验内容与行为的部分不能由常模参照测验的分数来做出推断。

②标准参照测验是基于明确的内容领域做规范抽样形成的很有代表性的题目样本，因此，对其测验分数的解释和推断完全可以超出该测验实际所测的内容范围，直至整个内容领域规范。

2. 联系

在实际运用中，常模参照测验和目标参照测验并非完全对立。对某一份试卷，既可以按成绩的好坏将学生分成不同的等级，也可以考查是否达到了教学目标。

> **本节小结**
>
> 本节主要介绍了标准参照测验的含义与作用，以及标准参照测验与常模参照测验的区别与联系。标准参照测验是根据某一明确界定的内容范围而缜密编制的测验，并且被试在测验中的所得结果也是根据某一明确界定的行为标准直接进行解释的。因此，其有两方面的重要界定：内容范围和行为标准。

第二节 标准参照测验的项目分析

知识点 1 测验项目的内容范围 ★

在定义标准参照测验时，测验内容范围的界定就是重要的前期工作之一。

1. 测验的内容范围包括所要测量特质中蕴含的全部行为

内容范围的大小可以不受限制，根据测验的目的来确定。但是该范围一定要具有明确的边界和明确的结构。当一个内容范围具有了明确的边界和结构时，便可以认为此内容范围得到了明确的界定。

2. 特定测验目的的确定常为内容范围的界定提供依据

界定的结果常常以**双向细目表**（或称测验蓝图）的形式表现出来。

知识点 2 测验项目的内容效度分析 ★

内容效度分析旨在检验测验题目与测验目标的一致性，即所测

TIPS ①

内容界定必须符合测验目的。例如，要测验同学们对本书第一章的掌握情况（目的），就要相应地在第一章寻找知识点进行测验编制；如果要测验同学们对全书的掌握情况，则可以基于整本书的内容出题。虽然两次测验的内容范围区别很大，但其边界明确，符合内容范围的要求。

TIPS ②

若测验目的在于检验某类专业化工作的资格水平，那么通过工作分析便可界定测验的内容范围；若测验目的在于检验教学或训练的效果，那么可以通过与特定课程或训练有关的教材、大纲以及学科专家的意见来界定内容范围。

的题目是否真正测到了想要测的特质。

通常采用专家评定法对测验的内容效度进行分析。　　≫ TIPS ③

TIPS ③

这种专家评定的方法一般采取请有关领域的专家填写项目内容评定表来确定相关项目的一致性，专家对每道题目所测内容与项目编制者所要测量的目标内容之间的一致性做出评定。

知识点 3　测验项目的难度和区分度分析 ★

1. 测验的预测　　≫ TIPS ④

测验编制完成后，必须先选取一定数量的被试进行预测，由此获得预测数据，然后才能在此数据的基础上对项目的难度和区分度进行量化分析。其预测方法主要有以下三种。

（1）前测–后测方法

选取一组被试，在其接受与测验目标内容有关的教学过程前后各施测一次，取得前测和后测的结果。前者表示未掌握者在测验中的水平，后者表示已掌握者在测验中的水平。

（2）已接受教学组–未接受教学组方法

选取两组被试，其中一组已经接受了有关测验目标内容的教学，而另一组从未接受过，若将测验同时施测于这两组被试，亦可获得与第一种方法含义相似的两组结果。

（3）对照组方法

对上述两种方法不足的补充。选取两组被试，其中一组被试被教师评定为掌握组，而另一组被教师评定为未掌握组。将测验同时施测于这两组被试，便可获得与上述两种方法相似的结果。

TIPS ④

上述前两种方法的前提假设是接受教学活动的学生被试都已掌握教学内容，而在实际教学中，已接受有关教学的被试中依然存在个别未掌握者，故该假设在一定程度上不能完美成立。

2. 测验项目的难度分析

目标参照测验的项目难度计算与常模参照测验相同，一般以通过率来表示。但难度分析并不重要，主要看项目内容是否必要。

相比于题目难度，标准参照测验更看重题目的重要性。因此，不同于常模参照测验，标准参照测验中若某个题目代表性很好，即使难度再大也应保留。

3. 测验项目的区分度分析

一个测验题目应该能很好地把对某一内容是否掌握的个体区分开来。一般采用难度差值和相关系数对题目的区分度进行分析。

（1）难度差值

① 掌握组–未掌握组鉴别指数（D）　　≫ TIPS ⑤

a. 选取两个团体，其中一个团体被施测者评为掌握组，另一个团体被评为未掌握组。

b. 计算出掌握组和未掌握组在某项目上的平均通过率分别记为P_A和P_B。

c. 以其差值表示题目的区分度，即$D = P_A - P_B$，D的取值范围是$[-1, 1]$。

TIPS ⑤

如果掌握组在第一题的通过率为95%，而未掌握组的通过率为5%，该项目的D值为90%，则可以说该项目具有很好的区分度。

② 个人获得指数（DIG） >> TIPS ⑥

对个体在接受与测验内容有关的教学过程前后各施测一次，可以得到个体的前测和后测结果。在前测中错误回答某题目而在后测中正确回答的个体比例即该题目的 DIG，**取值范围为 [0，1]。**

DIG 的大小直接反映了个体学习之后正确回答某题目的比例。

DIG 的数值越接近于 1，则题目区分度越好，题目越有效。

（2）相关系数

某个题目的得分和测验总分之间的一致性程度也可以作为题目区分度的指标，取值范围是 [-1，1]。

① 当其为负值时，说明题目不能测出所要测的特质，应修改或删除。

② 当其为 0 时，说明题目没有区分度，存在与否无所谓，一般不予保留。

③ 当其为正值时，越接近 1 表明题目越有效，区分度越好。

个人获得指数只考虑前测失败而后测通过的被试，而没有考虑在前测中通过而在后测中反而失败的被试，因而其值不会为负。这使它所能反映的问题少于一般的区分度指标，其应用也受到限制。

> **本节小结**
>
> 本节介绍了测验项目的内容范围及对标准参照测验的项目评价和分析，包括内容效度分析、难度和区分度分析。同学们要注意理解并掌握区分度的计算。

第三节 标准参照测验的信度与效度

知识点 1 标准参照测验的信度及其估计 ★

信度是指对同一施测对象施测多次后结果之间仍然具备高度一致性，即测验结果的一致性或稳定性。

常用的目标参照测验的信度估计方法有分类一致性信度和荷伊特信度。

1. 分类一致性信度

在同一测验的两次施测或两个复本的施测（测验 A、测验 B）中，测验结果可能有四种情况：测验 A、B 都及格（人数为 a）、测验 A 不及格测验 B 及格（人数为 b）、测验 A 及格测验 B 不及格（人数为 c）、测验 A 和 B 都不及格（人数为 d）。

测验的分类一致性信度即**测验 A 和测验 B 中均及格和均不及格的人数占总人数（N）的比例**，即 $P_o = \dfrac{(a+d)}{N}$，P_o 越接近 1，说明测验越可靠。

2. 方差分析方法：荷伊特信度 >> TIPS ①

利用方差分析的方法，找出个体水平的真正变异在总变异中的

由于荷伊特信度不会随测验分数分界点的变化而变化，因而更具普遍性。

比例，以此作为信度的估计值。

知识点 2　标准参照测验的效度及其估计 ★

测验的效度即测验的有效性，包括内容效度和效标关联效度。

1. 内容效度　　　　　　　　　　　　　　　　» TIPS ②

内容效度指测验题目是否真正达到测验目标。

①评估任一测验的内容效度都依赖两个条件：一是测验有明确界定的内容范围；二是对测验每一道题的内容效度进行分析。

②一般来说，标准参照测验有相对比较确定的内容范围，可以用命题细目表表示，也可以采用专家评定的方法对题目效度进行分析，从而保留有效题目，删除无效题目。

2. 效标关联效度

（1）效标关联效度也称实证效度，目标参照测验的校标关联效度可以用"决策效度"来估计。

（2）将测验结果按某一分界点分为及格和不及格，"决策效度"就是掌握组在测验中及格人数占总人数比例与未掌握组在测验中不及格人数占总人数比例之和。

TIPS ②

常模参照测验中所介绍的内容效度分析方法基本上可以照搬到标准参照测验中来，在此不再赘述。

> **本节小结**
>
> 本节介绍了标准参照测验的信度与效度的估计。同学们要注意与前面章节的内容进行对比学习。

第四节　常用标准设定方法

知识点 1　行为标准的制定 ★

根据标准参照测验的含义，其测验结果是参照某一明确界定的行为标准进行解释的，这一标准就是测验分数的分界点，亦称切割分数线或及格线。

根据分数分界点，可以将参加测验的被试分为"及格"和"不及格"两类，因此分界点的确定至关重要。　　　　　» TIPS ①

知识点 2　确定分界点的方法 ★

1. 专家判定法

专家判定法是指由专家来判断处于临界水平的被试在每一道题目上正确回答的可能性，以此来确定测验分数的分界点。

其中，临界水平的被试是指专家虚拟的由未掌握水平进入掌握水平的被试，有三种主要方法。

TIPS ①

例如，在教育领域，我们常常需要根据测验结果来判断"某学生是否达到了升一个年级（或小学、初中、高中、大学毕业等）所要求掌握的最低知识技能水平"，从而对该学生"升级"或"留级""毕业"或"肄业"等做出决策；在专业领域，也常需要根据资格或水平考试结果来判断被试是否达到从事特定专业工作所需的最低水平，从而做出是否给予颁发合格证书的决策。因此，在实际应用方面，分数分界点是必需的。

（1）Nedelsky 法

Nedelsky 法适用于单项选择题组成的测验，是由专家来判断处于临界水平的被试在每一题上有能力排除的错误选项，再由此计算被试正确回答的可能性，最后把所有题目正确回答的可能性相加，即得测验分数的分界点。如果有多个专家参与评定，则以他们各自评定的分界点的平均值作为最终确定的测验分界点。

（3）Angoff 法

Angoff 法不受测验题目类型的影响，适用范围较广。它是由专家先判断处于临界水平的被试在每一题目上正确作答的可能性（P_i），每道题目的满分为 F_i，则测验分界点的计算方法为 $\lambda = \sum P_i F_i$。

（3）Bookmark 法

Bookmark 法是基于项目反应理论，以 Angoff 法为基础的一种方法，专家以测验材料的能力参数值为基础，按照由易到难的顺序对所有题目进行讨论，判断"基本掌握该领域知识的被试"能否做对这些题目，在被试不能通过的题目上做标记，以此作为确定分界点的依据。

2. 效标组预测法

（1）临界组法

临界组法由专家选择一组处于临界水平的被试，以他们在测验上的平均成绩作为测验分数分界点的估计值。由于被试的选择比较麻烦，而且没有客观统一的标准，因此此法在实际使用中有一定的限制。

（2）对照组法

对照组法由专家预先选择两组被试，其中一组为测验范围掌握组，另一组为未掌握组。对两组被试施测，将得到的两组被试原始分数体现在平面直角坐标系中，会得到两条曲线，这两条曲线的交叉点即为测验的分界点。为使分界点更准确，常常选取若干对照组，取每对对照组交叉点分数的平均值作为测验分界点。

本节小结

本节主要介绍了行为标准的制定和分界点的确定方法。测验分数分界点的确定对测验结果的解释是非常必要的，可以对被试进行区分和了解其对教学内容的掌握情况。确定分界点的方法主要有专家判定法和效标组预测法。

TIPS 2

由于效标组预测法在一定程度上还是依靠专家的评估，因此专家评估在一定程度上是确定分数分界点的基础，这也使得分界点带有一定的主观色彩，这也是人们对分界点的确定争论不休的主要原因之一。

第五节 标准参照测验的分数解释

标准参照测验的分数解释可以分为两类：第一类是从所包含的内容范围方面解释，称为内容参照的分数解释；另一类是从与外在标准的关系方面考虑，即用预期的效标来解释测验分数，这种是结果参照的分数解释。

知识点 1 内容参照分数 ★

1. 内容参照分数的含义　　》TIPS ①

内容参照又叫范围参照，对标准参照测验的分数做解释时，是依据内容意义来进行的，称为内容参照分数，也称领域参照分数（或范围参照分数）。

在编制内容参照测验和对此种测验分数作解释时有两个主要步骤：一是确定测验所包含的知识或技能的范围；二是编制一个能报告测验成绩的量表。

2. 常用的内容参照量表　　》TIPS ②

①掌握分数：掌握测验，代表最低熟练水平的分数。如果一个人达到这个分数，就说明他已经掌握了这种知识或技能，从而可以进入下一个水平的学习或训练。

②正确百分数：掌握分数以"通过－失败"这种二分法计分会失掉一些信息，因此，有时我们需要以被试对内容的掌握程度来报告分数，最简单的指标就是正确百分数，亦即被试答对题目的百分比。

③内容标准分数：内容标准分数是把内容分数与常模分数结合起来使用。在编制内容标准量表时，不但要明确界定内容范围，还要详细说明每一种水平的"典型"人物正确回答和不正确回答的问题的类型。　　》TIPS ③

④等级评定量表：为了了解一个人完成某种过程或生产出某种产品的技能。对于各种技能，是不能用回答问题来确定其掌握和熟练水平的，通常需要采用等级评定量表来报告一种活动的熟练水平或 种产品的质量。为了使评定尽可能客观，需要对各种等级定出标准。

知识点 2 结果参照分数 ★

1. 结果参照的定义　　》TIPS ④

结果参照又称效标参照，用效标行为的水准来表示分数。此种分数适用于用测验来做预测的情况。

2. 呈现结果参照分数的常见方法有以下几种。

（1）期望结果的概率

此种方法是通过一种简单的图表，显示出获得特定测验分数的人得到每种效标分数的百分比，即将测验成绩以产生各种不同结果的概率来描述。

TIPS 1

这种测验最适合测量初级水平的基本技能，如驾照、计算机等级考试等，在这些领域内，对内容范围的规定比较简单，可以操作。

TIPS 2

这种分数主要用于我们只想知道被试对一些基本知识和技能是否掌握，并不需要对被试做进一步区分（采用"全"或"无"计分）的情况。

TIPS 3

这是一种巧妙地将常模参照和标准参照结合的方法，将一个人的测验分数与此种量表对照，既能指出他正确反应的百分比，又能指出他的成绩达到了哪种人的水平以及他能解决哪一类问题。

TIPS 4

结果参照尤其适用于需要对行为进行预测的测验。例如，预测学习成绩与未来操作的关系对各行各业人员进行的选拔测验等，都需要具有良好的预测作用。

（2）预期的效标分数

将具有不同测验分数的人所可能获得的预期效标分数用图表显示出来。

> **本节小结**
>
> 本节主要介绍了标准参照测验的分数解释，包括内容参照的分数解释和结果参照的分数解释。不同的参照类型针对不同的测验目的，同学们要根据不同测验的优缺点选择合适的参照标准。

名词总结

标准参照测验　　内容范围　　　行为标准
测验的预测掌握组 – 未掌握组鉴别指数
个人获得指数分类一致性信度　　荷伊特信度　　内容效度
效标关联效度　　专家判定法　　效标组预测法　　掌握分数
　正确百分数　　内容标准分数

第八章 常用的心理测验

心理测验在现实生活中有着广泛的运用。一方面,心理测验在心理咨询过程中可以用于诊断和效果评估,如智力测量可用于鉴别智力低下的儿童,兴趣、能力倾向测验可以帮助个体做出更适合自己、更合理的职业选择,焦虑、抑郁测验可以用于鉴别具有心理障碍的个体;另一方面,心理测验可以在人事测评中针对在岗人群,检验其工作能力是否合格,或在招聘选拔中发挥作用。此外,心理测验在教育评价中可以帮助评价教育不同阶段的成效。本章主要介绍了常用的心理测验,包括智力测验、人格测验、学绩测验、态度测验、品德测量、兴趣测验、心理健康量表和发育量表等内容。

在心理学考研中,智力测验和人格测验是考查重点。本章内容繁多,但是在考试中主要以单选题或多选题的形式进行考察,同学们应重点掌握各种测验的特点。

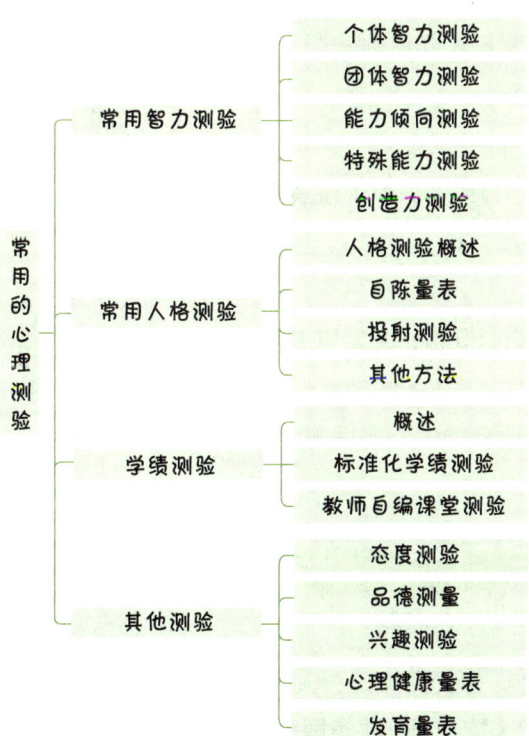

第一节　常用智力测验

知识点 1　个体智力测验 ★

1. 比奈－西蒙量表

（1）1905 年量表

这是比内和西蒙出于诊断异常儿童智力的需要，于 1905 年编制而成的世界上第一个智力量表。包括 30 道测验项目，它以通过多少项目作为区分智力的标准，并且显现出年龄量表的雏形，比内和西蒙在此已指明不同年龄的儿童所能通过的项目。

（2）1908 年量表

这是第一个年龄量表。比内和西蒙在此对 1905 年量表作了如下修订：①测验项目增至 59 个；②测验项目以年龄分组（3~13 岁，每岁一组）；③以智力年龄来评估个体智力，即儿童最后能通过哪个年龄组的项目，便说明他具有这一年龄的智力水平，而不论他的实际年龄是多少。

（3）1911 年量表

①改变一些项目内容及其顺序；②将其适用范围扩大，增设了一个成人题目组。

2. 斯坦福－比内量表

戈达德第一个将比内—西蒙量表介绍到美国。美国斯坦福大学推孟教授对其的修订工作最负盛名。

（1）1916 年量表

①对比内—西蒙量表中的项目或者保留，或者修改，或者删除，并在此基础上又增设了 39 个新项目。

②适用年龄：3~13 岁。

③该量表首次引入比率智商的概念，开始以 IQ 作为个体智力水平的指标。

④为了使测验标准化，该量表对每个项目施测规定了详细的指导语和记分标准。

（2）1937 年量表

①由 L 型和 M 型两个等值量表构成。

②适用年龄：1.5~18 岁。

③选取了更大的代表性样本，但仍局限于白人，且偏重于社会经济地位较高家庭的儿童，因而仍未能全面反映美国当时的人口状况。

（3）1960年量表

①汇集了1937年量表的L型和M型中最佳项目而成LM型单一量表。

②适用于2岁到成人。

③舍弃比率智商，引入离差智商概念，以平均数为100、标准差为16的离差智商作为智力评估指标。

（4）1972年量表

测验内容保持不变。重新修订常模，所选常模团体包括了美国各地区、各社会阶层、各种经济状况、各民族的2100名儿童，取样代表性有了很大提高。

（5）1986年量表（S—B4）

由桑代克等人主持，测验内容基本没有变化，但组织结构有了革新，并采用了新的常模团体。

（6）2003年量表（S—B5）

由洛伊德修订出版。S-B5有两个例行测验（矩阵和词汇），智商分数和指标分数的平均数为100，标准差是15。

3. 韦克斯勒量表

（1）韦氏成人智力量表

①韦克斯勒—贝尔韦量表（W-B）

a. W-BⅠ于1939年发表，是第一个成人智力测验，它的内容是以特别适合成年人使用的眼光来选择的，并用一系列不同的子测验的形式来编制整个测验，每个子测验内的题目皆由易到难排列。

b. 由于W-BⅠ在常模样本的代表性和子测验信度上的不足，韦克斯勒于1949年增加了Ⅱ型（W-BⅡ）。

c. W-BⅠ和W-BⅡ主要用于测量10~60岁的被试。

②韦氏成人智力量表修订版（WAIS-R）

a. 韦克斯勒于1955年出版韦氏成人智力量表（WAIS），1981年再次修订出版，称为韦氏成人智力量表修订版（WAIS-R）。

b. 适用年龄：16~74岁。

c. 量表由11个分测验组成，包括6个言语分量表（常识、背数、词汇、算术、理解、类同）和5个操作分量表（填图、图画排列、积木图案、拼图、数字符号）。每个分测验内的题目由易到难排列，且言语测验和操作测验交替施测。

d. WAIS-R的每个分测验独立记分，再转化成平均数为10、标准差为3的标准分数。6个言语分测验的标准分数相加可得言语量表分，5个操作分测验的标准分数相加可得操作量表分，所有分测验的标准分数相加可得全量表总分。最后，将这些量表分数转换成

TIPS ①

20世纪80年代初，我国医学心理学家龚耀先主持了韦克斯勒成人智力量表（1955年版）的修订工作，于1982年发表了中国修订韦克斯勒成人智力量表（WAIS-RC）。其在项目内容和记分上与韦克斯勒成人智力量表基本相同，只是替换了一些不适合我国文化背景的项目，并根据我国当时的国情建立了农村和城市两套常模。

平均数为 100、标准差为 15 的离差智商分数，便可得到言语智商、操作智商和总智商。

③韦氏成人智力量表第三版（WAIS-III）

WAIS-III 由 14 个分测验组成，包括 7 个言语分量表（常识、背数、词汇、算术、理解、类同、字母-数字排序）和 7 个操作分量表（填图、图画排列、积木图案、拼图、数字符号、符号搜索、矩阵推理）。

④韦氏成人智力量表第四版（WAIS-VI）

a.WAIS-VI 由 10 个核心分测验和 5 个附属分测验组成，其中 10 个核心分测验用以计算全量表智商和一般能力指数（GAI）。该测验主要有 4 个指数得分，代表智力的主要组成成分：

- 言语理解指数（VCI）：包括常识、类同、词汇；
- 知觉推理指数（PRI）：包括拼图、积木图案、矩阵推理；
- 工作记忆指数（WMI）：包括算数、背数；
- 加工速度指数（PSI）：包括译码、符号检索。

其中，全量表智商由以上 4 个指数进行加总，一般能力指数仅由 VCI 和 PRI 组成。

b. 适用年龄：16~90 岁。

（2）韦氏儿童智力量表

①韦氏儿童智力量表（WISC）

a.1949 年韦克斯勒在 W-B I 的基础上修订而成，保留了原来的测验形式，降低了测验难度，并且增添了一个迷津分测验，用于测量知觉的速度和准确性。

b. 主要特色在于放弃智龄概念，**采用离差智商代替比率智商**，并使得离差智商从此成为智力测验中最广泛使用的指标。

②韦氏儿童智力量表修订版（WISC-R）

a.WISC-R 总共 12 个分测验，包括 6 个言语分测验（常识、类同、算术、词汇、理解、背数）和 6 个操作分测验（图画补缺、图片排列、积木图案、物体拼配、译码、迷津）。其中，背数和迷津两个分测验是备用测验，当某个分测验由于某种原因不能施测时，可以用之替代。

b. 适用年龄：6~16 岁儿童。

③韦氏儿童智力量表第三版（WISC-III）

a.WISC-III 总共 13 个分测验，包括 6 个言语分量表（常识、领悟、算术、类同、数字广度、词汇），其中数字广度为备用测验；和 7 个操作分量表（图画补缺、积木图案、图片排列、物体拼凑、译码、符号搜索、迷津），其中符号搜索和迷津是备用测验。

b.对 WISC-III 进行因素分析可以得到 4 个组合因素，分别为：

· **言语理解因素**：包括常识、类同、词汇和领悟 4 个分测验；

· **知觉组织因素**：包括图画补缺、图片排列、积木图案和物体拼凑 4 个分测验；

· **集中注意力或克服分心因素**：包括算术和数字广度 2 个分测验；

· **加工速度因素**：包括译码和符号搜索 2 个分测验。

④**韦氏儿童智力量表第四版（WISC-IV）**

a.WISC-IV 吸纳了最新智力理论 CHC 及其跨系列测评方法的研究成果。

b.总共有 15 个分测验，其中 10 个分测验来自第三版，分别是积木、类同、数字广度、译码、词汇、理解、填图、常识、算术、符号搜索；为了强调流体推理和工作记忆的测量，增加了 5 个分测验，分别是图画概念、字母—数字排序、划消、矩阵推理、词语推理。

c.量表结构变为"四指数"结构，即**言语理解指数、知觉推理指数、工作记忆指数和加工速度指数**，同时导出总智商。

⑤**韦氏儿童智力量表第五版（WISC-V）**

a.用视觉空间、流体推理取代第四版中的知觉推理，从而提供了**言语理解、视觉空间、流体推理、工作记忆和加工速度五大分量表作**为主要指数量表，各自包括 2 个子测验，总共 10 个核心子测验。

b.提供了 5 个辅助指数量表（量化推理、听觉工作记忆、非言语能力、一般能力和认知流畅性）和 3 个补充指数量表（命名速度、符号翻译、存储与提取）。

（3）韦氏幼儿智力量表（WPPSI）

①**韦氏幼儿智力量表（WPPSI）**

a.WPPSI 出版于 1967 年，适用于 4~6 岁半的儿童。

b.WPPSI 同样包括 11 个分测验，其中 3 个分测验（句子复述、动物房、几何图案）是为了适应幼儿特点而新编的，另外 8 个（常识、理解、词汇、算术、类同、填图、迷津、积木图案）则与 WISC 相同。其中句子测验是备用测验，可以取代任何一个言语分测验。

c.WPPSI 亦给出言语智商、操作智商和总智商。

②**韦氏幼儿智力量表第三版（WPPSI-III）**

包含 12 个分测验，适合 3~7 岁儿童。其中 2.5~4 岁的儿童只接受四个核心的分测验：词汇、常识、积木图案和物体拼配；4~7 岁的儿童还要接受另外的分测验，即那些用来测量知觉速度的测验。

4. 戴斯的认知测验

（1）戴斯等人根据智力的 PASS 模型编制了戴斯－纳格利尔里认知评估系统（CAS）。

（2）CAS 由 12 种任务类型构成四个分测验，每一分测验有三种任务，分别对计划、注意、同时性和继时性加工进行测量。

（3）CAS 经常被用来分析阅读障碍儿童在认知历程中的个别差异及个体的内在差异。

5. 考夫曼量表

（1）考夫曼儿童成套评价测验（K-ABC）

①考夫曼儿童成套评价测验用于评价 2.5~12.5 岁儿童的智力加工，测试时间为 40~90 分钟。其多数项目都是非言语的。

②K-ABC 基于认知心理学、神经心理学中的广泛研究特别为学前少数民族和特殊儿童编制。该测验的理论基础是卡特尔的流体智力和晶体智力理论。

③在考夫曼评估测验中包含四个分量表：继时性加工量表，又称系列思维量表、同时性加工量表，又称平行思维量表、智力量表、成就量表。

④考夫曼儿童成套评估测验在编制方法上很严谨，为心理教育评估提供了一种新的成套认知评估测验，对智力测验也提出了一种新的思路。

（2）考夫曼青少年和成人智力测验（KAIT）

①考夫曼青少年和成人智力测验适用于测量 11 岁以上青少年及成人的智力水平。

②由以下两个分量表组成：一是晶体量表：测量学校教育和文化适应中获得的概念；二是流体量表：测量被试解决新问题的能力。

③此外，考夫曼青少年和成人智力测验还包含一个简短的心理状况测验，用来评定认知损伤严重、不能完整参加成套测验的被试的注意和定向。

6. 麦卡锡幼儿智能测验（MSCA）

（1）麦卡锡幼儿智能测验于 1972 年编制完成，可对儿童心理发展做综合的测定与评价。

（2）适用于 2.5~8.5 岁的儿童，尤其侧重于幼儿及学龄初期儿童，也可用于对智力低下儿童的临床诊断。测验的材料多数近似玩具，因此较少受文化影响，受到儿童的欢迎。

（3）麦卡锡幼儿智能测验由言语分量表、知觉－操作分量表、数量分量表、记忆分量表、运动分量表共 5 个分量表 18 个分测验组成,有的测验又包括若干项目。其中,言语分量表、知觉-操作分量表和数量分量表可合成一般智能(GI)分量表。

7. 伍德科克-约翰逊认知能力测验(WJ-R COG)

(1)该测验的理论依据为卡特尔-霍恩-卡罗尔理论(Cattell-Horn-Carroll theory,CHC 理论)。

(2)这个测验由 21 个分测验组成,但不是全部使用,而是根据诊断对象的问题和评估的需要选择分量表。

(3)WJ-R COG 分为标准成套测验和扩大成套测验。标准成套测验由 7 个分测验组成:流体推理能力、理解-知识能力、视觉-空间能力、听觉加工能力、加工速度、短时记忆能力、长时提取能力。每个分测验代表一个 CHC 能力因素。

8. DN 认知评价系统

(1)DN 认知评价系统以苏联心理学家鲁利亚的大脑三级机能联合区的思想为基础,提出了智力 PASS 模型。

(2)DN 认知评价系统适用于 5~17 岁的个体,包括 4 个分量表,分别对智力的计划性(P)、注意性(A)、同时性加工(S)和继时性加工(S)进行测定。每个分量表又各自包含 3 组不同的项目,从不同角度来完成对同一种功能成分的测量,因此全量表共由 12 组题目构成。

(3)量表总平均分为 100,标准差为 15。其内部一致性信度较高,预测效度较高,对成就和创造力有较高的预测力,可以较为有效地鉴别出天才儿童。DN 认知评价系统此外,还能非常有效地鉴别出认知薄弱的儿童。

知识点 2 团体智力测验 ★

1. 陆军测验

第一次世界大战期间,为了快速选拔官兵和分派兵种,在奥蒂斯编制的团体智力测验的基础上,产生了陆军甲种测验。后来又针对不识英文或有阅读障碍的人编制出陆军乙种测验。

(1)陆军甲种测验

①由 8 个分测验组成,包括指使(照令行事)、算术、常识、异同、字句重组、填数、类比推理、理解。

②第一个团体智力测验,为文字测验,它易受被试知识经验的影响,只适用于文化水平较高的被试

(2)陆军乙种测验

属于非文字测验,由 7 个分测验组成,包括迷津、立方体分析、补足数列、译码、数字校对、图画补缺、几何图形分析。

2. 瑞文标准推理测验（SPM）

瑞文标准推理测验是由英国心理学家瑞文 1938 年编制的非言语智力测验。其主要任务是要求被试根据一个大图形中的符号或图案的规律，将某个适当的图形填入大图形的空缺中。瑞文标准推理测验测验测量的是智力的 G 因素，适用的年龄范围宽，测验对象不受文化、种族和语言的限制，可个别施测也可团体施测，一般可用 40 分钟左右完成，总分转换为百分等级分数。

3. 认知能力测验（CAT）

①认知能力测验由桑代克和哈根编制，由 3 个分量表组成，分别是言语分量表、数量分量表和非言语分量表。

②认知能力测验的原始分数转化为平均分为 100、标准差为 16 的标准分，也可以转化为百分等级和标准九分数。

4. 推理能力测验

推理能力测验分为高级推理能力测验（GRT1）、通用推理能力测验（GRT2）和专业及管理推理能力测验（CRTB）3 个测验。

其中，GRT1 和 GRT2 都是通过 3 个独立的在线分测验测量智力的 3 个方面：言语推理、数字推理和抽象推理。CRTB 着重测试专业及管理环境中的分析推理能力，3 个成套能力测验均采用完全在线的方式，自动生成反馈报告。

5. 画人测验

>> TIPS ②

画人测验是一种测量儿童智力的方法，适用于 4~13 岁的儿童，主要任务是让儿童在一张白纸上画一个人的全身，根据所画的体形生理特点完整性、恰当与否以及服饰细节等细节，具有一定的文化公平性。

6. 皮博迪图画词汇测验（PPVT）

皮博迪图画词汇测验由美国心理学家邓恩于 1959 年编制，适用于 2 岁半到成年的被试。该测验可通过听觉理解来测试言语智能，不需要言语反应，故适用于有言语障碍、阅读障碍、智力落后的被试，测试只需 10~20 分钟，迅速便捷。

7. 文化公平测验

文化公平测验是美国心理学家 R.B. 卡特尔和 A.K. 卡特尔于 1949 年编制。其理论基础为 R.B. 卡特尔关于液体智力和晶体智力的区分，目的是把个体的一般能力从学习教育和社会背景中分离出来，排除文化影响，测量 G 因素的最稳定、最核心的成分。

文化公平测验包括三种不同水平的量表，每个量表适用人群不同，主要测量被试从事物中发现联系和规律的能力，可个别施测也可团体施测。

这里的画人测验是能力测验，后面我们要介绍的罗夏墨迹测验虽然也是通过绘画来进行测试的，但它是人格测验。

知识点 3　能力倾向测验 ★

1. 学术能力倾向测验（Scholastic Aptitude Test，简称 SAT）

学术能力倾向测验（SAT）相当于我国的高考，是大学录取新生的一项主要参考依据，每年在世界各地举行多次。SAT 由美国教育测验服务中心主持试题编制和试卷分析等工作，如今已属于技术上最完备的测验之一，每一新试卷都达到了高度的标准化。SAT 测量的目的不在于总结学生在中学时学到多少知识，而在于预测学生是否具备大学学习和研究的能力，以及倾向于在哪些专业领域更具优势。SAT 包括三部分内容：批判性阅读（前语言部分）、数学和写作。

2. 分辨能力倾向测验（Differential Aptitude Test，简称 DAT）

区分能力倾向测验被广泛用于初中生和高中生的教育咨询及就业指导，是应用最为广泛的成套能力倾向测验之一。

分辨能力倾向测验包括 8 个分测验：言语推理、数的能力、抽象推理、文书速度与准确性、机械推理、空间关系、语言运用（拼写）、语言运用（文法）。以上 8 个部分单独施测并单独计分。

分辨能力倾向测验能直观地提供个人在 8 种能力倾向上的内部差异，也能表明个人在单项能力上与同年级团体相比的相对位置。但若想对个人的能力做出更为准确的预测，则还需同时结合兴趣测验、学业成绩等其他资料。

3. 一般能力倾向成套测验（General Aptitude Tests Battery，简称 GATB）

一般能力倾向成套测验主要用于测量 9 种能力倾向因素：一般智力（G）、言语能力（V）、数的能力（N）、空间关系理解力（S）、形状和知觉能力（P）、文书知觉能力（Q）、动作协调能力（K）、手指灵巧性（F）、手部灵巧性（M）。

一般能力倾向成套测验有 12 个分测验，包括纸笔和操作测验，其中操作测验必须以个体为单位施行。

一般能力倾向成套测验建立了若干职业常模；对个人的 9 种能力因素标准做出了高、中、低 3 种可能的评价，分别表示此人的能力超过、接近、不符合该职业的能力要求。

4. 行政职业能力测验（AAT）

我国的行政职业能力测验是由原人事部考录司组织心理学、管理学等学科专家研制而成的。它主要用于国家行政机关招考主任科员以下非领导职务公务员，是一个专门用来测量一系列与行政职业成功有关的心理潜能的测验。

> **TIPS ③**
>
> 行政能力测试包含多个方面的知识和内容，如数量关系、言语理解、判断推理、常识判断、资料分析等，在能力测试的同时有题目用于速度测验，用以确定被试在速度和准确性上的个体差异。

知识点 4　特殊能力测验 ★

1. 音乐能力测验

（1）西肖尔音乐才能测验（The Seashore Measures of Musical Talents）

①本测验主要测定以下六种感官辨别力：音调辨别力、音量辨别力、时间音程辨别力、节奏判断力、音色判断力、音调记忆力。

②小学生和成人都适用于本测验，但本测验存在一定的效度问题。

（2）戈登音乐能力测验图（Musical Aptitude Profile）

①本测验首先要求被试以旋律、和声、速度和拍子为基础来判断两段音乐之间的异同。

②随后进行三个分测验。

a.T 测验：音调形象（旋律、和声）。

b.R 测验：节奏形象（速度、节拍）。

c.S 测验：音乐感受（短句、平衡、风格等）。

③本测验具有较高的信度，效度也有一定的证据支持。从技术层面来说，本测验比西肖尔音乐才能测验更为完善。

2. 美术能力测验

（1）梅尔美术判断力测验（Meier Art Test）

①本测验要求被试对一幅美术杰作和另一幅与杰作相比稍有歪曲的作品进行对比，并从中选出更好的一幅。测验得分的高低直接表明被试对美术作品的鉴别能力。

②但本测验的结果只是考察被试美术能力和预测美术成就的**必要不充分条件**。

（2）格雷福斯图案判断测验（Graves Design Judgement Test）

本测验的取材是一些二维或三维的图像，每一个项目中都包括两个或三个同一图像的变式，被试要对这些变式进行比较并判断哪一个图像最好。测验结果不仅表明被试对美术基本原理的认识，也可证实被试对美学知觉和判断的标准。但本测验的效度没有足够的证据支持。

（3）霍恩美术能力问卷（Horn Art Aptitude Inventory）

①本测验是操作型测验，需要被试画出一些常见的物体和几何图形，或在给定的点和线上作画，这可以表明被试的美术技巧以及美术想象力、创造力。

②本测验评分的主观性很强，这限制了本测验的应用。

3. 机械能力测验

（1）空间关系测验

本测验由明尼苏达大学的帕特森（D.G.Paterson）及其同事编制而

成，包括三个有关的测验：明尼苏达空间关系测验（Minnesota Spatial Relation Test）、明尼苏达机械拼合测验（Minnesota Mechanical Assembly Test）、明尼苏达书面形式拼板测验（Minnesota Paper Form-Board Test）。

其中，前两个测验是操作型测验，最后一个测验则以多重选择题的形式进行，要求被试纸笔作答。

以上三个分测验均具有较高的信度和一定的效度。

（2）**机械理解能力测验**（Bennett Mechanical Comprehension）

本测验主要是对被试的机械知识进行测量，测验材料包含大量的日常生活情境。本测验根据性别分别建立了常模，以区分个体在性别上的差异，具有较高的信度以及较好的效度。

知识点 5　创造力测验 ★

1. 吉尔福德智力结构测验（南加利福尼亚大学测验）

吉尔福德智力结构测验主要**测量发散思维**。吉尔福德认为，发散思维是思维向不同方向分散的能力，不受给定事实的局限，使得个体在解决问题时能产生各种不同的解决问题的方法和思路。吉尔福德智力结构测验适用于初中化水平以上的人，共14个分测验。

①词语流畅性：尽可能快地写出包含某个字母的单词。

②观念流畅性：尽可能快地列举属于某一种类食物的名称。

③联想流畅性：列举近义词。

④表达流畅性：写出每个词都以特定字母开头的四词句。

⑤非常用途：列举出一个指定物体的各种可能的、非同寻常的用途。

⑥解释比喻：以几种不同方式完成包括比喻的句子。

⑦效用测验：尽可能多地列举每一件物品的用途。

⑧故事命题：写出一个短故事情节的所有合适的标题。

⑨推断结果：列举一个假设事件的不同结果。

⑩职业象征：列举一个给定的物体或符号所象征的职业。

⑪组成对象：利用一套简单的图案画出几个指定的物体。

⑫绘图：要求将一简单图形复杂化，给出尽可能多的可辨认物体的草图。

⑬火柴问题：移动特定数目的火柴，保留特定数目的正方形或三角形。

⑭装饰：以尽可能多的不同设计修饰一般物体的轮廓图。

2. 托兰斯创造性思维测验（TTCT）

托兰斯创造性思维测验是明尼苏达大学的心理学家托兰斯在教育情境中发展起来的标准化创造力测验，主要测查被试思维的流畅性、灵活性、独特性、精确性等方面。

托兰斯创造性思维测验适合于幼儿园直至成年的被试，主要有三套分测验，分别为言语创造性思维测验、图画创造性思维测验、声音词语创造性测验。

3. 芝加哥大学创造力测验

芝加哥大学创造力测验是由芝加哥大学的两位心理学家盖策尔斯和杰克逊编制的，测量小学至高中学生的创造性。该测验包含五个分测验。

4. 威廉斯创造力倾向测验

威廉斯创造力倾向测验通过测验个人的一些性格特点（包括冒险性、好奇性、想象力和挑战性），来测量个人的创造性倾向。它可以用于发现那些有创造性的个体。

> **本节小结**
>
> 本节主要对常用的智力测验的基本内容进行了介绍，包括个体智力测验、团体智力测验、能力倾向测验、特殊能力测验和创造力测验。其中，韦氏智力测验的三种不同测验的缩写和适用年龄，以及最早的智力测验、陆军测验的两种测验的特点是经常考查的知识点，同学们要予以足够的重视。

第二节　常用人格测验

知识点 1　人格测验概述 ★

1. 人格测验的定义　　　　　　　　　　　》》 TIPS ①

人格测验是指通过一定的方法，对人的行为中起稳定的调节作用的心理特质和行为倾向进行定量分析。

2. 人格测验的常用编制方法

（1）**合理建构法**

用合理建构法编制的人格测验是建立在一定的 人格理论基础 上的，在这种理论假设的指导下，主试可以确定所要测量的人格特质的结构，因此合理建构法也称 推理法。

①用这种方法编制测验时，内容效度十分重要，因此题目的选择必须使得其内容可以测量期望测得的人格特质。合理建构法对作为前提的理论假设的科学性和系统性要求很高，但这通常不能被保证。

②因为依据内容本身取舍题目，会导致测验项目和测验目的之间联系明显，也就是题目的表面效度过高，影响测验的有效性。　》》 TIPS ②

（2）**经验标准法**　　　　　　　　　　　》》 TIPS ③

用经验标准法编制的人格测验完全建立在经验上，根据经验来选择题目。

人格测验的关键特征是对稳定的心理特质和行为倾向的测定，因此人格测验一般对被试的年龄有一定的要求，以确保被试的人格特质已经发育成熟且稳定。例如，卡特尔16种人格因素问卷（16PF）要求被试的年龄大于16周岁。

例如，迈尔斯-布里格斯人格类型量表（简称MBTI）就是瑞士心理学家荣格人格类型说的应用。

例如，明尼苏达多相人格问卷（MMPI）就是用这种方法编制的。它将大量的题目施测于效标组（临床上已被诊断为有心理异常的被试）和控制组（正常的被试），比较两组被试对每道题的应答情况，将能反映两组差别的题目保留下来构成测验。

①经验标准法的具体应用方法是抽取已被公认的不同类型的几组被试作为经验效标，对这些被试施测大量的题目，选出那些最能区分出不同种类被试的题目组成人格测验。

②经验标准法的优点是不受理论的限制，直接来源于实践，由于是根据经验效标选择题目，所以测验的实证效度较好；缺点是难以找到各种典型的效标被试。

（3）因素分析法　　　　　　　　　　　　　>> TIPS ④

因素分析法依据因素分析的统计结果来选择题目。

①因素分析法的具体应用方法是先给被试施测大量的题目，然后通过统计分析得出几个因素。一个因素代表一种人格特质，同一个因素内的各个题目高度相关，不同因素内的题目之间则相关性很低。将测量这几种因素的题目组合在一起，就构成了人格测验。

②因素分析法的优点在于统计技术的先进性和量表的单维性；缺点同样来源于题目产生于统计结果之中，即因素分析的结果取决于被试和题目。换了题目和被试再进行因素分析，有可能得到不同的人格特质。这种主观性让这样编制的测验受到缺乏实证效度的怀疑。

（4）综合技术　　　　　　　　　　　　　　>> TIPS ⑤

目前，编制测验的趋势是综合上述三种方法。

①根据理论假设建构内容框架，从而来收集和编制题目。

②将问卷施测于效标组和正常组，看它们能否将两组很好地区分开，被试的反应是否和理论假设一致，并据此筛选题目。

③对题目进行因素分析，看被试的反应是否符合原来的理论构想，是否分量表间相关性低，分量表内题目相关性高。

3. 人格测验的信度和效度问题

（1）由于人格结构中的一些特质具有明显的评价色彩，受测者为了获得较高的社会评价，可能会隐瞒真实情况，可使用迫选式题目避免。

（2）有的受测者在某些项目上可能不太清楚哪个选项更符合自己的实际情况，进行猜测。

（3）有的被试在无意识中产生了一种防卫倾向，所以不知不觉地选择了与实际情况相反的选项，可增加说谎量表或用投射测验避免。

（4）目前流行的人格问卷所提供的备选选项太少，受测者可能选不出来符合自己情况的选项。

知识点 2　自陈量表 ★

1. 自陈量表的定义

自陈量表又称自陈式人格测验，是依据所测量的人格特征编制

TIPS ④

卡特尔16种人格因素问卷和艾森克人格问卷（EPQ）的编制就采用了这种方法。

TIPS ⑤

杰克逊人格问卷、中国人个性测量表（CPAI）、加州人格量表（CPI）都是按照这种方法编制的。

客观问题，要求被试根据自己的实际情况或感受逐一做出回答，以此衡量被试在这种人格特质上表现的程度。

2. 自陈量表的编制

所谓"自陈"就是自我陈述，即让受测者个人提供关于自己人格特征的报告。

（1）基本假设：只有受测者最了解自己的人格特征，因为个人随时随地都在观察自己的行为，而他人不可能了解自己行为的所有方面。

（2）首要前提：确定所要测量的人格特质，并明确给出该特质的操作性定义，然后围绕该特质选择能够表现该特质的行为情境和反应。

（3）具体的编题方法有几种：

①是否式；②二择一式；③是否折中式；④文字等级式；⑤数字等级式。

（4）在编写测验项目时，应当注意以下三方面的问题。

①尽可能回避带有明显社会评价色彩的问题，代之以中性的陈述。

②对于量表中必须涉及的个人私生活问题，应当采用适当隐蔽的措辞予以表述。

③所提供的选项最好排列成若干个等级，以便受测者选择更接近其实际情况的答案。

3. 自陈量表的特点

①自陈量表的题量较大，多数用于测量人格的若干特质。

②自陈量表通常采用纸笔测验。

③自陈量表的计分规则简单而客观，施测手续比较简便，测量分数容易获得解释。

4. 自陈量表的信度和效度

由于人格特征在行为中表现得复杂多样，以及人格测量中被试的防御心理和反应定势都会影响回答的真实性，因此与智力测验相比，人格测验的信度和效度都要低得多。目前流行的人格测验的信度指标通常采用重测信度和内部一致性信度，信度系数一般不低于0.6；效度指标通常采用结构效度，而较少有效标效度的报道，这是由于人格测验中较难找到适当而又实用的效标。

影响自陈量表的效度和信度的因素有以下几种。

①社会赞许性：如果自陈量表涉及有好坏之分的社会评价，被试的反应很容易受社会赞许性的影响，产生按照社会认可的价值或标准来回答问题，以不真实的意愿代替真实意愿的心理倾向。

减少社会赞许性影响的流行策略是将问卷重新改写,使同一问卷的不同反应具有同等的社会赞许,或采用强迫选择法来编制问卷。

②反应定势:指被试的回答与问题的内容无关,只是按照自己的特定方式进行回答的一种心理倾向。在自陈量表中,反应定势有默认、中庸、回避、粗心、位置定势五种类型。

③无法测定潜意识动机:自陈量表的基本假设是被试最了解自己的人格,但实际上一个人不可能知晓与人格有关的所有事实,尤其是潜意识动机。

5.常见的人格自陈量表

(1)明尼苏达多相人格调查表(MMPI)

①由美国明尼苏达临床心理学教授哈撒韦和心理治疗家麦金利在20世纪40年代共同编制,是采用经验标准法编制自陈量表的典范。

②适用于16周岁以上的青少年和成人,被试需具备小学以上的文化水平且没有影响测验结果的生理缺陷。

③测验没有时间限制;可广泛用于人格鉴定、心理疾病诊断治疗、心理咨询以及人类学、心理学医学的研究工作;主要功能是测查个体的人格特点,判别精神病患者和正常人。

④共有10个临床量表,分别为疑病症(Hs)、抑郁症(D)、癔病(Hy)、精神病态(Pd)、男子气-女子气(Mf)、妄想狂(Pa)、精神衰弱(Pt)、精神分裂(Sc)、轻躁狂(Ma)、社会内向(Si)。

⑤有4个效度量表,分别为说谎量表(L)、诈病量表(F)、矫正量表(K)、疑问量表(Q)。

⑥MMPI的常模采用T分数:$T=50+10(X-M)/S$,其中X指的是某一分量表中的原始分数,M和S分别为常模正常组团体在该量表上所得原始分数的平均值和标准差。

(2)加州人格量表

加州人格量表以MMPI为基础,主要服务于临床精神病领域,但更看重于对正常人格的测查。

(3)卡特尔16种人格因素问卷(16PF)

①用因素分析法编制问卷的典范,适用于16岁以上具备初中以上文化程度的青少年和成人。

②主要功能是对个体的人格因素进行分析,从16个方面描述个体的人格特征。

③常模采用的是标准十分制。

(4)艾森克人格问卷(16PF)

艾森克人格问卷是由英国心理学家艾森克于1975年编制的。该问卷的理论基础是艾森克提出的人格三维度理论。该问卷分成人版和儿童版，儿童版适用于7~15岁的被试，成人版适用于16岁以上的被试。其具有以下特点。

①采用因素分析的方法编制。

②强调人格的3个基本维度——内外倾、神经质和精神质。

③由4个分量表构成，分别测量外倾性（E）、神经质（N）、精神质（P）3个方面的特质，L是说谎量表。

④常模采用T分数。

⑤将外倾性和神经质两个维度做垂直交叉分析，可以得到4种典型的人格类型：胆汁质、多血质、黏液质和抑郁质。

（5）NEO-PI 五因素调查表

①由美国心理学家科斯塔和麦克雷于1992年采用因素分析的方法编制，基于科斯塔和麦克雷于1989年提出的大五人格模型理论。

②把人格分成5个基本维度，即开放性（O）、认真性（C）、外倾性（E）、宜人性（A）和神经质（N）。

③包括300道题目，被在五点量表（从完全同意到完全不同意）上选择代表自己特点的数字。NEO-PI 五因素调查表引入了方法学中的新方法，即自我报告形式（S形）和观察者报告形式（两个版本，R形-男性和R形-女性）。

④NEO-PI 五因素调查表不像MMPI或者EPQ那样包含一个检查反应真实性的量表，它假定所有被试都是诚实合作的，因此来自他人的评定对真实性会有验证。

⑤各个量表的原始分数无法比较，需要将原始分数转化为T分数。

（6）大七人格问卷

大七人格问卷是由美国心理学家特里根和沃勒于1991年编制的，也称人格特征量表（IPC-7）。它建立在特里根和沃勒于1987年提出的大七人格模型的理论基础之上。

（7）爱德华个性偏好量表（EPPS）

①由美国心理学家爱德华于1953年编制，以莫瑞的人类需要理论为理论基础，主要测量个体在15种不同的心理需要上的反应倾向。

②可作为心理咨询的工具，在职业指导和人员选拔中应用广泛。

③主要特点是采用强迫选择法来控制社会赞许性。

（8）詹金斯活动性调查表（JAS）

①主要评价A型行为，主要特征为对成就关注并努力、有强烈的竞争性和攻击性、性急、有时间紧迫感、有强烈的责任感、雄心勃勃等。与之相反的是B型行为，表现为不易患冠心病，轻松、随和、有耐心、说话、做事平稳。

> TIPS ⑥ 由于5个基本维度的英文首字母可以拼写为OCEAN，因此大五人格模型又被称为人格海洋。

②施测无时间限制，一般只需 15~20 分钟就能完成。

（9）价值观研究量表

价值观研究量表是由奥尔波特根据德国心理学家斯<u>普兰格区分的六种性格类型理论而编制的量表</u>。

斯普兰格将人划分为六种性格类型，不同的性格类型具有不同的价值观成分。这六种类型是：理论型、权力型、经济型、审美型、社会型、宗教型。

价值观研究量表中列有多种相互矛盾的价值观，每人需对此作出 45 种选择，从而测定这些被测者对多种不同的关于理论、权力、经济、审美、社会及宗教价值观接受和同意的相对强度。

（10）MBTI 性格测验

MBTI 性格测验是由美国心理学家布里格斯和她的女儿迈尔斯根据<u>荣格的心理类型理论</u>和她们对于人类性格差异的长期观察与研究编制而成的，用以衡量和描述人们在获取信息、作出决策、对待生活等方面的心理活动规律和性格类型。

MBTI 性格测验主要应用于职业发展、职业咨询、婚姻教育等方面，是目前国际上应用较广的人才甄别工具。

知识点 3　投射测验 ★

1. 投射测验的含义　　　　　　　　　　» TIPS ⑦

投射技术的基本方式是向被试提供预先编制的一些未经组织的、意义模糊的标准化刺激情境，让被试在不受任何限制的情况下，自由地对刺激情境做出反应，再通过分析被试的反应，推断被试的人格特征。

2. 投射测验的特点

①使用<u>非结构化任务</u>，被试对测验材料的反应不受限制。

②测验的<u>目的具有明显的隐蔽性</u>，这就在很大程度上避免了被试的伪装和防卫，使测验的结果更能反映被试真实的人格特征。

③对测验结果的解释重在对被试的人格特征获得整体性的了解，而不是评估某个或某几个单个的人格特质。

④投射测验的材料很多为无明确意义的图片，<u>不受文化程度和语言的影响</u>。

⑤评分<u>缺乏客观标准</u>，难以量化，结构不易解释，缺乏常模资料等。

3. 投射技术的分类

①<u>联想型</u>：让被试说出某种刺激所引起的联想，如荣格的文字联想测验和罗夏墨迹测验。

TIPS ⑦

投射测验的原理与精神分析理论密不可分。精神分析理论强调人格结构中的无意识范畴，认为个人无法凭其意识说明自己，自陈量表无法有效地了解人格。因此，必须借助某种无确定意义（非结构化）的刺激情境，将其作为引导，使个体隐藏在潜意识中的欲望、动机冲突等暴露出来，或是不自觉地投射出来。

②**构造型**：要被试根据他所看到的图画编造一套含有过去、现在、将来等发展过程的故事，如主题统觉测验。

③**完成型**：提供一些不完整的句子、故事或辩论材料等，让被试自己补充，如句子完成测验。

④**选排型**：要被试根据某一准则，选择照片或对照片进行排列。

⑤**表露型**：使受测者利用某种媒介自由地表露他的心理状态，如画人测验、画树测验。

4. 常见投射测验   » TIPS ⑧

（1）罗夏克墨迹测验

罗夏克墨迹测验是由瑞士精神病学家罗夏克于1921年编制的投射性测验，主要是通过观察被试对一些标准化的墨迹图形的自由反应，评估被试所投射出来的个性特征。

罗夏克墨迹测验主要基于知觉与人格之间有某种关系的基本假说，即个人对刺激的知觉反应投射出该人的人格，由于它采用非文字的墨迹图形刺激，因此适合不同国家和种族使用。

TIPS ⑧

生活中用到的一些画人测验、画树测验、沙盘游戏也都属于投射测验。

（2）主题统觉测验

主题统觉测验是由莫瑞和摩根于1938年编制的，主要任务是让被试根据所呈现图片自由联想编造故事。其理论基础是莫瑞的需要–压力理论。主题统觉测验假定个体面对图画情境所编造的故事与其生活经验有着密切的关系，被试在编造故事时会不自觉地把隐藏在内心的冲突和欲望等穿插在故事的情节之中，借故事中的人物的行为宣泄出来。基于这一假设，主试便能通过分析被试的故事来了解其内心需求。

（3）语句完成测验

最常见的语句完成测验是罗特的未完成语句填充测验。这个测验是1950年编制的，包括40个未完成的句子，题干非常简单，要求被试自由联想加以完成，是一种在记分和解释方面都比较标准化的自由作答测验，属于完成型投射测验。

（4）逆境对话测验

逆境对话测验是罗森韦格于1941年编制的，原名为图片–挫折研究。这个工具有用于14岁以上成人、12~18岁的青少年、4~13岁的儿童三种形式。

测验由一些图片组成，通常画中有两个人物，其中一人说了几句足以引起对方生气或陷入挫折情境的话，受测者需为受挫者在空白处写下受挫者作何反应。该测验假设受测者在反应时将自己的想法投射到图片中受挫人物的身上，因此根据回答可以预测受测者在遭遇挫折时的反应倾向。

（5）绘画测验

绘画测验中，应用比较广泛的有麦柯弗的画人测验、布克的房 - 树 - 人测验（简称 HTP）、伯恩斯和考夫曼的家庭活动绘画技术（简称 KFD）、卡氏画树测验等。

（6）沙盘游戏

沙盘游戏既可以用于人格测量，也可以用于心理治疗，它是由荣格的学生卡尔夫创立的一种心理分析技术。自从 1985 年国际沙盘游戏治疗学会（ISST）成立以来，沙盘游戏逐渐发展为一种以心理分析为基础的独立的心理诊断和心理治疗体系，成为表现性治疗的主流之一，并在临床心理学界、心理咨询与治疗第一线得以推广和应用。

我国心理学家申荷永等于 1995 年将沙盘游戏治疗技术引入国内。

知识点 4　人格测验的其他方法 ★

1. 评定量表

人格评定量表是通过观察，给人的某种行为或人格特性确定一个等级的标准化程序，是由与被评人比较熟悉的他人对被评人的行为或人格特点作出评价。

（1）莱氏品质评定量表：是由莱尔德编制的，也叫内外向品质量表。

（2）猜人测验：一种标准评定量表，最初是哈茨霍恩、梅及马勒在从事品格教育研究时首先应用的，后经特赖恩等的研究，发展为两种不同的形式，主要目的是利用同班同学的长时间相处，互相评定一群学生的各种人格特质。

2. 认知风格测验

认知风格是个体习惯化的信息加工方式，又称认知方式。认知风格是个体在长期的认知活动中形成的、稳定的心理倾向，表现为对一定的信息加工方式的偏爱。个体常常意识不到自己存在这种偏爱。

常见的认知风格测验是镶嵌图形测验，也叫隐蔽图形测验，是威特金等人编制的测查个体场独立性和场依存性认知方式的测验。

3. 社会计量法

社会计量法是由美国心理学家莫里诺 1934 年提出的，也称为社会测量法、社交测量或社会测量，它是从群体的角度定量地揭示整个群体的人际关系的状况，以及各成员在该群体内人际关系状况的一种方法。常见的有社会关系图解法和社会距离量表两种形式。

> **本节小结**
>
> 　　本节主要介绍了人格测验的相关内容，主要包括人格测验的定义和编制方法以及人格测验的三种典型方式，即自陈量表、投射测验和情境测验；并对常用的自陈量表、投射测验、情境测验进行了介绍。同学们要注意区分不同自陈量表的编制方法，掌握投射测验的特点。

第三节　学绩测验

知识点 1　学绩测验概述 ★

1. 学绩测验的性质

（1）学绩测验又称<u>成就测验</u>；学绩测验是对个体在一个阶段的学习或训练之后所掌握的知识和技能的发展水平的测定。

（2）学绩测验与一般的心理测验不同。它更希望所测量个体通过一次或一个时期的学习训练之后，这种专门的知识和技能的发展水平能得以提高。学绩测验与能力测验一样，在测量学中属于<u>最佳行为测验</u>。

（3）学绩测验所测为认知性心理品质；认知性心理品质的优劣表现在知识与能力两个方面。

2. 学绩测验的作用

（1）学校使用学绩测验<u>鉴定学生的学业成绩</u>，甄别学习困难的学生，诊断学生学习困难的原因，以便及时制定和采取补救措施，帮助学生全面掌握所学知识，全面提高专业能力，辅助教学管理。

（2）现代社会的<u>人事管理</u>也应用学绩测验。人员录取、提职晋级都可以利用学绩测验，以测验成绩作为重要的取舍依据。

（3）<u>教育科学研究</u>也需要学绩测验。教育科研工作者利用学绩测验信息评价教育决策、优选教育方案，为教育的改革和发展做出独特的贡献。

3. 学绩测验的分类

（1）按测验的编制方法分

按测验的编制方法，可以把学绩测验分为教师自编课堂测验和标准化学绩测验两大类。

（2）按测验的内容分

按测验的内容对学绩测验进行分类，通常是以测验试题所涉及的学科分，有单科测验和多科测验之分，也有以内容量的多少分的，如单元测验、总测验等。

TIPS 1

①成就测验据具有广泛的应用，如我们日常的考试，我国的科举考试是当时世界上规模最大、影响也最大的，由国家组织的成就测验。

②成就测验的性质与能力测验的区别：能力测验往往更强调所测为"一般能力"，而成就测验强调的是一阶段学习和训练收获的知识或增长的能力。

（3）按测验的用途分

按测验的用途可把学绩测验分为考查性测验和诊断性测验两大类。

（4）按测验评分系统的参照系分

按所编测验评分系统的参照系不同可把学绩测验分成常模参照测验和目标参照测验两大类。

（5）按测验的题型分

学绩测验可使用的试题大致可分为定向反应型和自由反应型两大类，习惯上又称为客观型试题和论文式试题，因此也有把学绩测验分为客观测验和论文式测验两类。

知识点 2 标准化学绩测验 ★

1. 标准化学绩测验的要求

一份测验能称为标准化测验，最起码要符合四方面的要求：第一是命题组卷标准化；第二是施测标准化；第三是评分标准化；第四是测验分数解释标准化。

2. 标准化学绩测验的编制

标准化学绩测验编制方法分五个步骤：

（1）确定测验目的，选定测验编制方法；

（2）分析测量目标，拟订测验编制计划；

（3）编题、征题与选题组卷；

（4）调查测验质量参数，编制测验常模；

（5）编写测验指导书，正式出版发行。

3. 国外常用标准化学绩测验

（1）斯坦福成就测验

斯坦福成就测验属于综合性学绩考查测验，也是一种供团体使用的常模参照测验，该学绩测验是一种组合式测验，纵向可分成个不同的级别水平，适用于一至九年级的学生。横向包括11个方面的科目内容，分别为词汇、阅读理解、拼字、听理解、词汇学习技能、语言、数学概念、数学计算、数学应用、社会科学常识和自然科学常识，基本覆盖了美国中小学生所有的学习内容。该测验现行版本提供两套常模：学年初常模和学年末常模。　　▶ TIPS ②

（2）关键数学算术诊断测验

关键数学算术诊断测验，适用于学龄前儿童直至六年级的学生，测验分成内容、运算和应用三大块。

内容块有3个分测验：数学、分数、几何与符号，主要测量基本的数学概念和知识。运算块有6个分测验：加法、减法、乘法、

TIPS 2

注意！学业评估测验（Scholastic Assessment Test）和斯坦福成就测验（Stanford Achievement Test）的英文缩写都是SAT，一定要仔细辨认是哪一种测验。

除法、心算和数字推理。应用块有 5 个分测验：文字题、补充、金钱、测量和时间。这是一个个别测验，全部测完需 30~40 分钟。

关键数学算术诊断测验在四个层次上对被试进行数学技能诊断：第一个层次是总体水平诊断，指出被试在同年级伙伴中的位置。第二个层次是分块水平诊断，比较被试在内容、运算和应用三块上的强弱。第三个层次是分测验水平诊断，比较被试在 14 个分测验上的高低差异。第四个层次为项目水平诊断，直接指出被试对各个项目所代表的内容和教学目标的理解程度。每个层次的分析都备有侧面图，诊断结论显得非常清楚。

（3）**韦氏个别成就测验**

韦氏个别成就测验（WIAT）是一套综合性的成就测验，**主要用于评估儿童和青少年学识增长和学习技能的发展**，也可以作为学习障碍的诊断工具。

①与韦氏智力量表共用常模，更适合学习障碍的诊断；内容涵盖了几乎所有学习障碍领域。

②提供了多种可供参考的分数，**原始分可以转化为标准分（平均分为 100，标准差为 15，与韦氏智力量表一致），也可以转化为百分等级、年级等级和标准九分数**。

（4）**考夫曼教育成就测验**

考夫曼教育成就测验（K-TEA）是个别实施的成就测验。

①为 6~18 岁的学校儿童设计，包括 5 个分测验，分别是阅读译解、阅读理解、数学运用、数学计算、拼写。

②测验结果都转换成以 100 为均值，以 15 为标准差的标准分。各分测验的分数可单独报告，也可合并为阅读总分、数学总分和全量表总分。

③信度和效度都较高，可用于学习困难儿童的诊断。

（5）**艾奥瓦基本技能测验**（Iowa Tests of Basic Skills）

艾奥瓦基本技能测验用来评价各种学校生活中的基本技能，包括**基本型和复杂型**两种形式。

4. 标准化学绩测验的题库建设

学绩测验题库的建设方法：

（1）选定一种指导题库建设的测验理论

（2）设计题库结构。包括：

①确定题库中试题所应用参数的个数、各种参数的使用名称；

②确定全库试题的内容范围及内容层次详目；

③确定全库试题教学目标层次详目；

④确定全库试题的题型种类数及具体题型；

⑤确定全库试题难度等级的划分；

⑥确定题库总题量及在各参数层次上的分题量。

（3）编题、征题、试测、分析、筛选、编码入库等一系列具体操作。

5. 我国高考的标准化试验

从根本上来说，我国高考标准化试验的目的就是应用现代心理测量学的理论与技术，对传统高考进行科学化改造，努力提高考试命题和考试管理的水平，努力提高考试的信度和效度，逐步达到标准化考试的水准和要求。

知识点 3　教师自编课堂测验 ★

1. 教师自编课堂测验的特点

（1）测验形式灵活多变，与测验目的完全一致；

（2）测验内容与教材内容高度一致；

（3）测验难度切合学生的实际水平；

（4）测验编制简易快速。

2. 教师自编课堂测验的步骤与方法

（1）审查测验目的；

（2）制订测验编制计划；

（3）命题与组卷。

3. 教师自编课堂测验应注意的问题

（1）教师要深入研究教材，深入调查学生；

（2）要维护准确稳定的合格标准；

（3）要客观评价自己的命题技术，合理使用各种题型；

（4）要注意总结命题经验，提高命题技术；

（5）要尽量控制评分误差，防止简单粗糙；

（6）要做一些定量分析研究。

> **本节小结**
>
> 　　本节主要介绍了学绩测验的相关内容。学绩测验又称成就测验，学绩测验是对个体在一个阶段的学习或训练之后所掌握的知识和技能的发展水平的测定；学绩测验属于最佳行为测验。按照测验的编制方法，可以把学绩测验分为标准化学绩测验和教师自编课堂测验两类。

第四节 其他测验

知识点 1　态度测验 ★

态度是指个体对人或事物所持有的一种较为持久而又一致的心理倾向。它包括认识、情感和行动倾向三种成分。

态度测量可分为两类：直接测量与间接测量；直接测量是以某种态度的方向和强度为指标进行测量，传统的量表法基本上都属于直接测量；间接测量是以某种间接方式推测态度，如投射法、生理反应法、内隐态度测量法等。这里主要介绍态度测量的几种常见方法。

1. 量表测量

（1）瑟斯顿量表

瑟斯顿于1929年创建了瑟斯顿量表，即**等距量表法**。

①瑟斯顿量表主要内容：由专家收集关于某态度主题的各种陈述，然后将这些陈述进行分组以及等距排列。要了解某个被试对某方面的态度，只需要对其所有项目的反应结果求**中位数**，此中位数即表示该被试的态度。

②瑟斯顿量表有较高的信度，对主题清楚、调查范围不太广的态度问题调查效果较好，但它制作过程复杂，还存在专家意见是否具有代表性以及使用中位数代表态度等级是否适合等问题。不过，它的创建依然是态度量表方面的一个重要里程碑。

（2）**利克特量表**　　　　　　　　　　　　　》 TIPS ①

利克特于1932年创建了较瑟斯顿量表更易于编制的利克特量表，并且同样具备较高的信度。

①利克特量表假定每个项目或态度语都具有同等的量值，项目之间的量值没有差别。受测者对每个项目或态度语的强弱进行五级（或六级、七级）反应，如非常同意、同意、不确定、不同意、非常不同意。若该项目为正面陈述，则得分依次为5、4、3、2、1；若是反面陈述，则需将得分倒转。**最后所有项目的得分总和**即被试的受测结果。

②利克特量表制作简单，具备高信度与较好的效度，受测者也可充分表达自己某些强烈的态度，但它无法只通过总分对态度差异做进一步的解释。

（3）**哥特曼量表**

①哥特曼量表是一个**单向性量表**，即项目间的关系或排列是有序的，量表的项目可以按强弱或接受程度的难易顺序进行排列。

②在利克特量表中，具备相同分数的受测者也许不一定具备同样的态度，但在哥特曼量表中，由于量表具有单向性，因此在一定

TIPS 1

李克特量表的等级回答形式也是现在很多量表编制的基础，例如，利克特量表要求被试对每个态度语或项目进行等级回答，回答通常被分为五级：很同意（SA）、同意（A）、不能确定（U）、不同意（D）、很不同意（SD）。通常有几个级，就叫作利克特几点计分。

程度上克服了利克特量表的这一缺陷。

2. 内隐联想测验（Implicit Association Test，IAT）

①一种基于计算机的辨别分类任务，以反应时为指标，通过让个体对测量词和属性词做出反应来对个体的内隐态度进行间接测量。

②测验结果相当稳定，并且对个体的行为具有较高的预测力，但由于对个人的内隐态度进行间接测量，它的有效性受到了一些质疑。

3. 其他态度测验

（1）语义区分法

语义区分法最早是由奥斯古德等人于1957年作为语义心理学研究工具而发展起来的，随后它用于人格评定的可能性被人们认识到，于是在此基础上发展了语义区分测验。

语义区分用来测量个体对某一概念的理解。每一概念使用一系列的双极形容词量表，一般包括15个或15个以上，被测者要在七点量表上对每组形容词加以评定。

（2）Q分类技术

Q分类技术是由美国心理学家斯蒂芬森1953年提出的一种研究自我概念的特殊技术，被广泛地应用于研究自我概念、人格适应、身心健康等方面。其应用迫选技术得到自比指标。

知识点 2　品德测量 ★

1. 情境测验法　　　　　» TIPS ②

情境测验是设置一个活动环境或提出一个问题情境，通过被试对情境问题的反应来了解其品德特征。

情境测验分为直接情境测验和间接情境测验。直接情境测验主要是人为创造的真实活动情境，间接情境测验则是假想的问题情境。

2. 问卷测量法

尽管用于测量人格、兴趣等的问卷有很多，但是专门用于测量品德的标准化问卷很少。造成这种情况的原因可能有两方面：一是品德问题太复杂，难以测量（特别是标准化的测量）；二是过去对这个方面的研究尚不够深入。前者的影响可能更大一些，因为品德的相当一部分内容涉及价值判断，与人的生活密切相关，难以揭示，用自陈形式就更难保证真实性了。

①一般来说，问卷由两部分构成：一是人口性资料，要求回答诸如姓名、性别、年龄、文化程度一类的问题；二是正式内容。

②问卷内容有两种呈现形式：一种叫封闭式，其答案都是规定好了的，被试只需从中选择符合自己情况的一个答案；另一种是开放式的，不指出固定的内容，而由被试围绕问题自由作答。为了保证结果

TIPS ②

科尔伯格运用道德两难故事法，创造了海因兹偷药的假想问题情境来间接测量儿童道德判断的发展水平，就属于情境测验法的一种。

的可比性、标准化和数量化，在问卷式测量中，封闭反应形式用得较多，主要有三种：多项选择式、评定量表式、排序或对偶比较式。

知识点 3　兴趣测验 ★

1. 斯特朗 – 坎贝尔职业兴趣问卷（SCII）

斯特朗区分了两组被试，一组是专门从事某种职业的标准职业人员，另一组则由一般人构成，两组被试都对测验项目进行选择反应。斯特朗将反应不同的项目组合在一起，构成了某个特定职业的兴趣项目集。斯特朗 – 坎贝尔职业兴趣问卷是世界上最早的职业兴趣问卷。

随后，坎贝尔在斯特朗的基础上将职业兴趣量表进一步发展。目前，斯特朗 – 坎贝尔职业兴趣问卷主要由以下五个量表构成：一般职业主题量表、基本兴趣量表、具体职业量表、特殊量表、测验管理指标。

斯特朗 – 坎贝尔职业兴趣问卷被广泛应用于教育、职业咨询、就业指导中，它不仅对个体具有应用意义，还可以用与群体性研究。

2. 库德职业兴趣调查表（KOIS）

库德将所有职业分成 10 个兴趣领域，然后确定与之相应的 10 个同质性量表，受测者的结果按这 10 个量表计分，通过得分高低确定感兴趣或不感兴趣的职业领域。

库德职业兴趣调查表具有的一个独特的部分是大学专业量表。本测验的计分方式是直接把个人的成绩与大学专业量表进行对比，若被试与某个大学专业量表的分数接近，就说明被试对该职业或专业感兴趣。

3. 霍兰德自我指导问卷（Self-Directed Search，SDS）

霍兰德认为绝大部分人都可以被归结为六种类型：艺术型（artistic）、传统型（conventional）、企业型（enterprising）、研究型（investigated）、现实型（realistic）和社会型（social）。相应的，绝大部分环境也可以被归结为同样的六种类型。

霍兰德自我指导问卷由职业类型测验和职业搜寻表两部分构成。被试先测定自己的兴趣特性（即人格特点），然后据此查找适合自己的职业。

以职业人格理论为依据，霍兰德编制了职业偏好量表（VPI）。自我定向探查表（SDS）是在 VPI 的基础上发展而成的量表。

霍兰德自我指导问卷经过了历史的检验，并得到了大量证据支持。如今，它被广泛应用于职业指导、社会科学与商业领域。

4. 杰克逊职业兴趣调查表

杰克逊职业兴趣调查表的特色之一是既可以手工评分，也可以机器评分。

杰克逊职业兴趣调查表包括工作角色量表、工作风格量表和附加量表。其中，附加量表在机器评分时才使用。

知识点 4 心理健康量表 ★

1. 心理健康综合测量

（1）90 项症状清单（SCL‐90）

①又名症状自评量表，由德罗加蒂斯在其编制的霍普金斯症状清单的基础上改编而成。检测各类神经症，广泛应用于心理咨询和心理治疗工作中。

②SCL‐90 共 90 个项目：躯体化、强迫症状、人际关系敏感、抑郁、焦虑、敌对、恐怖、偏执和精神病性。

（2）米隆临床多轴调查表（MCMI）

①属于自评量表，主要用于诊断和临床评定，而不是用于正常人群的一般人格评定工具。

②最初发表于 1977 年，后来陆续修订为 MCMI‐Ⅱ、MCMI‐Ⅲ、MCMI‐Ⅳ，在若干方面追随 MMPI 的传统，但又引进了重要的方法学变革。

③理论基础是米隆关于人格功能作用的精神病理学的生物心理学观点，其核心是一个人格类型的矩阵，这一矩阵包括两个维度，即强化源和应对行为范型的结合。

（3）心理健康诊断测验

①前身是日本铃木清等编制的不安倾向诊断测验，由我国华南师范大学心理系科研人员修订而成，本量表可用于测量中小学生的心理健康状况。

②由 8 个内容量表和 1 个效度量表（也称说谎量表）组成。8 个内容量表分别是学习焦虑、对人焦虑、孤独倾向、自责倾向、过敏倾向、身体症状、恐怖倾向和冲动倾向。8 个内容量表的分数相加即为全量表总焦虑倾向的标准分。

（4）成人心理健康测评系统

成人心理健康测评系统是北京师范大学心理学院心理测评与咨询实验室的科研成果，是国内唯一本土化的成人心理健康测评系统，是专门用于 18 岁以上成人心理健康测评的一个重要工具。

2. 抑郁量表

（1）抑郁自评量表

抑郁自评量表（SDS）由扎格于 1965 年编制。适合于评定治疗前后的变化及在综合性医院中发现的抑郁症病人。

在我国，SDS 粗分大于 41 分，即标准分大于或等于 53 分者，考虑有抑郁症状，分值越高，症状越严重。

（2）流行病学调查抑郁自评量表（CES-D）

CES-D 是由拉德洛夫通过对大量临床文献及已有量表进行因子分析编制而成。它与 SDS 不同，不能用于临床目的及对治疗过程中抑郁严重程度变化的检测，只适用于对普通人群或可能有抑郁症状的特定群体的流行病学调查，以筛查出有抑郁症状的对象。

CES-D 是特别为评价当前抑郁症状的程度而设计的，需明确告知受测者评定的时间范围为"现在"或"过去一周"。它是一个自评量表，由受测者自行完成，着重评价受测者的抑郁情绪或心境。

CES-D 共 20 个条目，评分采用四级评分制，主要的统计指标是总分，满分为 60 分，分数越高表示有抑郁的可能性越大。总分小于或等于 15 分者为无抑郁症状，总分 16~19 分者为可能有抑郁症状，总分大于或等于 20 分者肯定有抑郁症状。

3. 焦虑量表

（1）焦虑自评量表（SAS）

SAS 可作为了解心理咨询门诊病人和神经症病人焦虑症状的工具，也可在综合性医院中评定病人的焦虑程度。施测对象是有焦虑症状的成年人，由受测者自己填写。评定时间范围为最近一周。SAS 有 20 个项目，分为四级评分，主要评定项目为所定义的症状出现的频度。

（2）汉密顿焦虑量表

由汉密顿编制，主要用于评定神经症和其他病人的焦虑严重程度。它由受过训练的评定员按照 14 个症状方面进行的 5 级评定（0~4，数值大表示严重）。每次评定需 10~15 分钟。根据全国精神科量表协作组的资料，总分超过 29 分，可能为严重焦虑；超过 21 分，肯定有明显焦虑；超过 14 分，肯定有焦虑；超过 7 分，可能有焦虑；7 分以下便没有症状。

（3）状态—特质焦虑量表（STAT）

由施皮尔伯格等根据其状态—特质理论编制而成，包括状态焦虑和特征焦虑（卡特尔和塞欧提出的两种焦虑形式）两个部分，采用 4 级计分，注意反向计分。

该量表适用于初中文化水平以上的受测者。如果两个测验都做，最好先做状态焦虑的题，后做特征焦虑的题。

（4）考试焦虑量表（TAS）

考试焦虑量表是目前国际上广泛使用的最著名的考试焦虑量表之一，在考试焦虑问卷的基础上发展而来。

（5）显性焦虑量表（MAS）

由泰勒依据卡默龙关于显性焦虑反应所描述的显性焦虑概念，

运用逻辑分析法编制，研究焦虑对学习的动机或驱动作用。

（6）测验焦虑量表（TAI）

施皮尔伯格根据状态特质理论编制。该测验共 20 题，采用 4 级评分，包括两部分，测量 W 因素（对失败结果的认知）和 E 因素（紧张引起的神经系统反应），将测验焦虑看作特质，测查焦虑的倾向性。

（7）贝克焦虑量表

由美国贝克等人编制，适合于具有焦虑症状的成年人，主要测量受测者主观感受到的焦虑程度。该量表有 21 个题目，采用 4 级计分方法。

4. 人际功能评定

（1）UCLA 孤独量表（UCLA Loneliness Scale）

UCLA 孤独量表是由拉塞尔等于 1980 年编制的，是出现最早、使用最广泛的孤独量表。该量表是一维性量表，检验被试的人际关系质量，用于评价由于对社会交往的渴望与实际水平的差距而产生的孤独。

（2）儿童孤独感量表

儿童孤独感量表主要用于评定小学三至六年级学生的孤独感和对社会的不满程度。该量表共 24 个项目。

5. 应激及相关问题评定

（1）生活事件量表（LES）

生活事件量表是一个自评量表，适用于 16 岁以上的正常人，神经症、心身疾病、各种躯体疾病患者，以及自知力恢复的重性精神病患者，可用于指导心理治疗、危机干预。生活事件量表包括较为常见的生活事件 48 条，涵盖三方面的内容：一是家庭生活（28条）；二是工作学习（13 条）；三是社交及其他方面（7 条）。另有 2 条空白项目，供被试填写已经历而表中未列出的某些事件。

（2）防御方式问卷（DSQ）

防御方式问卷是由加拿大心理学家邦德于 1983 年编制的自评问卷。该问卷的目的是研究正常人的心理防卫行为，也可以研究各种精神障碍和躯体疾病患者的防御行为，提供一个连续的社会成熟指标。该问卷共 88 个项目。

（3）自杀观念量表（SSI）

自杀观念量表由贝克等编制，用于测量自杀观念的严重程度，是由 19 个项目组成的访谈式量表，其中下列 3 因素为自杀风险的"指针"：活跃的自杀观念、自杀准备和被动自杀。

（4）自杀态度问卷（QSA）

自杀态度问卷由中国学者肖水源等于 1999 年编制而成。自杀态度问卷由 4 个分量表组成，分别是对自杀行为性质的认识、对自杀者的态度（包括自杀死亡者与自杀未遂者）、对自杀者家属的态度和对安乐死的态度。该问卷共 29 个条目。

知识点 5 发育量表 ★

婴幼儿发展的测验主要是对 0~6 岁儿童的心理发育和行为发展水平进行评定，涉及动作、感知觉、语的言适应性为、社交行为等方面。

1. 格塞尔发展顺序量表（GDS）

①美国心理学家格塞尔于 1940 年编制了婴幼儿发展量表，他认为婴幼儿随着神经系统不断成熟、分化，会产生相应的行为规范，并且随着年龄的增长而成为一个有次序的行为系统。因此，正常的行为范型是成熟的指标。

②经过不断的观察，格塞尔发现了正常婴幼儿各种行为范型出现的次序和年龄的规律，并以此为标准可对儿童进行客观的鉴定。该量表主要诊断 4 个方面的能力。

a. 动作能：分为粗动作和细动作，这些动作构成了对婴幼儿成熟程度估计的起点。

b. 应物能：是对外界刺激物的分析和综合的能力，是运动过去经验来解决新问题的能力。

c. 言语能：指婴幼儿听、理解、表达言语的能力。

d. 应人能：指婴幼儿的生活能力和社交能力。

③从以上四个方面进行记录和诊断，计算出发展商数 DO（Developmental Quotient）。

$$DO = 测得的成熟年龄 \div 实际年龄 \times 100$$

④如发展商数低于 65~75，则表明有严重的个体发展落后问题，如发展商数低于 85，则表明机体存在损伤。发展商数在临床上很有价值。

2. 丹佛发展筛选测验（Denver Developmental Screening Test，DDST）

丹佛发展筛选测验是美国丹佛学者编制的，是目前美国托儿所、医疗保健机构对婴幼儿进行检查的常规测验，为筛选性的测验。

检查对象为出生到 6 岁的婴幼儿，测查四种能力：**应人能、细动作——应物能、言语能、粗动作能**。如其不能完成选择好的项目，便认为该婴幼儿可能有问题，需进一步进行其他的诊断性检查。

3. 贝利婴儿发展量表（Bayley Scale of Infant Developmental，BSID）

贝利婴儿发展量表时贝利及其同事于 1933 年发布的，**适用于**

2~30 个月的婴幼儿，由于常模样本为分层取样，因此标准化程度好于其他幼儿智力测验。贝利婴儿发展量表由智能量表、运动量表、婴儿行为记录量表这 3 个分量表组成，用智能发展指数和心理活动发展指数来计分，分别评定智能水平和运动水平，平均数为 100，标准差为 16。

4. 麦卡锡幼儿智能测验（MSCA）

麦卡锡幼儿智能测验（MSCA）是麦卡锡于 1972 年编制的，可用于对儿童心理发展作综合的测定与评价。它适用于 2.5~9.5 岁的儿童，尤其侧重于幼儿及学龄初期儿童。MSCA 由 5 个分量表，共 18 个测验组成，计分标准为 T 分数，可与其他智力测验结果作比较。

5. 新生儿行为评定量表（Neonatal Behavioral Assessment Scale）

新生儿行为评定量表由布雷泽尔顿于 1973 年编制，是目前适用年龄最小的（0~30 天）的婴儿使用的行为量表，目的在于诊断和预测；测查习惯化、朝向反射、运动控制的成熟性、易变特点、自我安静下来的能力、社会行为。

> **本节小结**
>
> 本节对其他测验进行了介绍，包括态度测验、品德测量、兴趣测验、心理健康量表和发育量表。在态度测验中，要注意各个量表的主要特点；兴趣测验主要用于未来职业选择，其中霍兰德职业兴趣测验是重点，是根据其职业兴趣理论发展而来的，其把人分为的几种类型也需要记住，这部分知识可能以选择题的形式出现；在心理健康量表中，SAS 和 SDS 分别是焦虑和抑郁的自评量表，要牢记缩写对应的量表；发育量表主要用于评估不同年龄儿童的发育情况，其中格塞尔发展顺序量表是所有发育量表中最重要的量表之一；新生儿评定量表是目前适用于年龄最小的婴儿的量表。

名词总结

比奈-西蒙量表	斯坦福-比奈量表
韦克斯勒智力量表	陆军测验
瑞文标准推理测验	画人测验
皮博迪图画词汇测验	文化公平测验
学术能力倾向测验	西肖尔音乐才能测验
吉尔福德智力结构测验	托兰斯创造性思维测验
明尼苏达多相人格调查表	加州人格量表
卡特尔 16 种人格因素问卷	艾森克人格问卷

NEO-PI 五因素调查表	爱德华个性偏好量表
詹金斯活动性调查表	投射测验
罗夏墨迹测验	主题统觉测验
情境测验	瑟斯顿量表
利克特量表	斯特朗-坎贝尔职业兴趣问卷
库德职业兴趣调查表	90项症状自评量表
抑郁自评量表	焦虑自评量表
汉密尔顿焦虑量表	格塞尔发展顺序量表
贝利婴儿发展量表	新生儿行为评定量表